Das

flache Lehmdach

und der

elastische Theerfirniss

nebst

einer chemischen Analyse

des

Steinkohlentheers.

Von

Dr. F. F. Runge,

ausserord. Prof. an der Universität zu Breslau,

z. Z. in Oranienburg.

Berlin, 1837.

Verlag der Sander'schen Buchhandlung.

(C. W. Eichhoff.)

Die Theerarten.

Die verschiedenen Theerarten sind wohlfeile Firnisse, die man von jeher dazu verwandt hat, die Stelle der theuren Oehlfarbe zu vertreten, um Metalle vor Rost, und Holz vor Moder und Fäulniss zu bewahren.

Sie enthalten ausser öhligen auch mehrere sehr scharfe Bestandtheile, die besonders dem Pflanzenleben nicht günstig sind. Daher wachsen auf getheertem Holze keine Flechten, die man an ungetheerten Planken und Zäunen so häufig sieht.

Der Theer besitzt als Firniss auch die Eigenschaft, Körper, welche im Wasser erweichen würden, davor zu schützen, wenn sie damit überzogen sind. Eine Tüte aus getheertem Papier hält Wasser wie ein Glasgefäss, und ein ungebrannter Thontopf kann, gut getheert, ebensowohl als Wasserbehälter dienen als ein gebrannter und glasirter.

Von diesen Erfahrungen hat man in neuester Zeit eine allgemeinere Anwendung gemacht. Man construirt Dächer anstatt der Ziegel aus einer Lehmfläche und macht sie wasserdicht mit Theer und Pech, wie diess in dem Buche:

Anleitung zur Ausführung der neuen flachen Dachdeckung (Berlin, 1837) von I. F. Dorn, dem Erfinder dieser Dächer, genau und gründlich beschrieben ist.

Auch eine zweite vorzügliche Schrift über denselben Gegenstand:

Der Bau der Dornschen Lehmdächer von Aug. Linke (Braunschweig, 1837)

ist allen Denjenigen zu empfehlen, die diese »öffentliche Wohlthat«, wie sie der Verfasser nennt, vorurtheilsfrei betrachten wollen.

Bei diesen Dächern wird vom Theer sehr viel verlangt. Er soll wasserdicht bleiben unter allen ungünstigen Umständen, denen ein Dach überhaupt ausgesetzt ist. Er soll der brennenden Sonnenhitze und der Winterkälte, wie dem Regen- und Schneewasser gleichmässig widerstehen und keine Veränderungen erleiden. Besonders soll er sich fest mit dem Lehm verbinden und eine firnissartige Oberfläche bilden, die in ihren Theilen innig zusammenhängt, d. h. nicht rissig wird. Mit einem Wort, er muss grosse Zähigkeit und Klebrigkeit besitzen, und nur mit diesen Eigenschaften giebt er ein wasserdichtes Dach.

Diese besitzt nun weder der Holz- noch der Steinkohlentheer für sich allein. Man sucht sie ihnen durch Pech und Colophonium zu geben. Im richtigen Verhältniss zugesetzt leisten diese sehr viel, aber diess Verhältniss ist so gross und ihr Preis so hoch, dass ein damit getheertes Dach sehr theuer zu stehen kommt. Hiezu gesellt sich, dass weder der Pechzusatz, vielweniger aber noch der des Colophoniums die Verdunstung der flüchtigeren Theertheile verhindert, die doch zur Fortdauer der Elastizität erfordert werden. Ein Dornsches Dach befindet sich im Sommer in einer förmlichen Destillationshitze, wodurch nach und nach alle flüchtigen Theile entfernt werden, so dass nichts als Pech oder Colophonium zurück bleibt, welches bei eintretender kalter Witterung spröde wird und alsdann Wasser durchlässt. Man ist daher genöthigt, ein solches Dach aus mehreren Lagen zu fertigen und die obersten öfter wieder von Neuem zu theeren.

Dorn und Sachs.

Sachs hat diesen Veränderungen, welchen der pechhaltige Theer an freier Luft unterworfen ist, durch die von ihm erfundenen Harzplatten zu begegnen gesucht, und ihre Darstellungsweise in der Schrift:

G. Sachs, Anweisung zur absolut wasserdichten Dachdeckung etc. (Berlin, 1837)

ausführlich beschrieben. Mit einem geschmolzenen Gemenge aus

8 Pfund Pech und
3 Pfund Holztheer

wird ein Papierbogen gleichförmig überstrichen und, wenn diess geschehen, ein anderer unbestrichener Bogen darauf gelegt und überall genau angedrückt. Diess ist die Darstellung der s. g. Harzplatten, deren Anwendung folgende ist:

Anstatt dass Dorn sein Lehmdach mit pechhaltigem Theer bestreicht, um es wasserdicht zu machen, bedient sich Sachs dieser Harzplatten, und lässt sie mit Hülfe desselben Theerpechs auf das trockene Lehmdach aufkleben. Wenn diess geschehen, wird die ganze Papierfläche mit demselben Theerpech überstrichen und mit Sand bestreuet, und hierauf noch mit einer Schutzdecke aus Lehm etc. versehen.

Hieraus sieht man, dass der wesentliche Unterschied zwischen einem Dornschen und einem

Sachsischen Dach bloss in der Dazwischenkunft des Papiers besteht. Dorn schliesst seinen pechhaltigen Theer zwischen Lehm und Sand ein, und Sachs seinen Theerpech zwischen zwei Bogen Papier. So klein dieser Unterschied auch scheint, so ist es doch ein sehr wesentlicher. Denn der zwischen Papier eingeschlossene Theerpech ist eine bei Sommerhitze und Winterkälte durchaus unveränderliche Substanz, es mag nun gleichzeitig Feuchtigkeit mit einwirken oder nicht. Getheerter Lehm dagegen ist nur dann unveränderlich in der Winterkälte, wenn er lufttrocken ist. Im entgegengesetzten Fall gefriert das Wasser, und die Lehmdecke wird in Folge der Eisbildung in viele kleine Stücken gesprengt, wodurch sich Ritzen bilden, die das Wasser einlassen, wie diess in dem Buche:

Michaut: Erfahrungen bei Anlegung eines flachen Lehmdaches etc. (Berlin 1837)

weitläuftig beschrieben ist.

Hieraus folgt, dass ein Dornsches Dach nur zu einer solchen Jahreszeit gemacht werden kann, wo ein vollkommenes Austrocknen der Lehmfläche möglich ist, also im Sommer. Dann aber ist auch ausser allem Zweifel, dass man ein gutes, wasserdichtes Dach bekommt. Will man aber ausdrücklich gegen die Dornschen Vorschriften handeln, und zu jeder Jahreszeit Dächer machen, so ist es natürlich, dass sie nicht immer dem Zwecke entsprechen. Allein dies ist nicht die Schuld des Erfinders. Man kann nicht sorgfältiger verfahren, als Dorn es in seinem Buche vorschreibt, und es sind auch Thatsachen genug vorhanden, welche die vollkommene Haltbarkeit der Dornschen Dächer beweisen.

Dass diese Sache jedoch der Verbesserungen fähig ist, wird Niemand in Abrede stellen. Sie werden aber mehr aufs Material als auf die Verfahrungsarten Bezug haben, und besonders ist es der Theer, der einer solchen Verbesserung bedarf, wie diess bereits gesagt und noch mehr aus dem folgenden erhellen wird.

Was nun Sachs mit seinen Harzplatten betrifft, so befindet sich derselbe in mancher Hinsicht in einem günstigeren Fall. Sachs kann zwar eben so wenig bei Regenwetter arbeiten lassen als Dorn, aber er hat einen sehr grossen Feind nicht zu fürchten: den Frost. Daher braucht derselbe nicht das vollkommene Austrocknen der Lehmfläche abzuwarten, sondern im Nothfall genügt schon ein Ausgetrocknetsein der oberen äusseren Schicht, um nur die Harzplatten aufkleben zu können. Dieser Umstand ist äusserst wichtig, da man fast bis in den Winter hinein arbeiten kann, ja selbst der Winter bei gelindem trockenen Frost nicht einmal hinderlich ist, indem die in der Lehmfläche entstehenden Risse ja durch die Harzplatten zugedeckt werden.

Ein anderer, freilich nicht zu übersehender Unterschied besteht auch darin, dass beide Herren sich verschiedener Wasserdichtungsmittel zum Ueberstreichen bedienen. Der Theerpech von Sachs verdient gewiss den Vorzug vor dem Dornschen Pechtheer. Aber wo liegt hier die Grenze? Dorn kann nach Belieben das Pechverhältniss abändern und so sein Anstreichmittel luft- und wärmebeständiger machen.

Dessen ungeachtet bleibt hier ein grosser Mangel fühlbar. Pech und Theer vereinigen in sich nicht alle Eigenschaften, die ein Dornsches Dach für die Dauer wasserdicht machen, namentlich wenn man die Kosten des wiederholten Ueberstreichens scheut. Diese nun zu verbessern, oder vielmehr an deren Stelle einen Theerfirniss zu setzen, auf den man sich mehr verlassen kann, ist die Aufgabe des technischen Chemikers.

Elastischer Theerfirniss.

Schon früher habe ich mich mit grosser Vorliebe mit den Theerarten in chemischer Hinsicht beschäftigt. Besonders zog der Steinkohlentheer meine Aufmerksamkeit auf sich, der rücksichtlich seiner chemischen Bestandtheile einer der merkwürdigsten Produkte der trockenen Destillation ist. Da vielen meiner Leser diese früher in zerstreueten Aufsätzen beschriebenen Versuche nicht bekannt, aber gewiss interessant sein werden, so lasse ich sie später folgen.

In Folge dieser Versuche ist es mir gelungen, eine dickflüssige theerartige Substanz darzustellen, welche ich elastischen Theerfirniss nenne, und der von nun an in der chemischen Produktenfabrik zu Oranienburg im Grossen fabricirt werden und zu einem so billigen Preis zu haben sein wird, dass er den des Steinkohlentheers fast nicht übersteigt.

Dieser elastische Theerfirniss hat alle die Eigenschaften, welche erforderlich sind, um eine, dem Wechsel der Witterung immerwährend ausgesetzte, trockene Lehmfläche vor Veränderungen zu schützen. Er trocknet nur in so weit aus, dass er nur noch wenig klebt, behält aber stets seine Biegsamkeit und Zähigkeit, verwittert also nicht wie es die gewöhnlichen Theerarten, besonders wenn sie der Sonneneinwirkung ausgesetzt sind, so leicht thun, selbst wenn sie mit Pech oder Colophonium vermischt worden sind.

Man wird bei der Anwendung bald sehen, in wie fern sich dieser elastische Theerfirniss von den beiden gewöhnlichen Theerarten unterscheidet. Streicht man z. B. von den beiden letzteren etwas auf graues Löschpapier, so saugt sie das Papier bald ein, und es bleiben zwei Flecke ohne Glanz. Vom Theerfirniss dagegen bleibt ein rein firnissartiger Ueberzug mit spiegelndem Glanze. Dasselbe ist der Fall auf einer Lehmfläche. Auch auf Holz haftet er besser als die gewöhnlichen Theerarten und zwar ebenfalls mit Firnissglanz.

Soll dieser Firniss ein Dornsches Dach wirklich wasserdicht machen, so muss die Lehmfläche möglichst eben abgerieben und wohl ausgetrocknet sein. Hierauf entfernt man alles Staubige und Pulverige mittelst eines Handbesens, bringt den erwärmten Firniss löffel- oder kellenweise auf und vertheilt ihn mit einer Bürste oder einem Streichholz. Nun wird Sand darauf gestreut.

Da eine grosse Lehmfläche unmöglich ganz eben hergestellt werden kann und etwaige Vertiefungen diesen etwas dickflüssigen Firniss nicht so leicht aufnehmen, wenn man nicht längere Zeit reibt, so ist es um der Sicherheit willen gut, das Lehmdach erst mit einem Gemenge aus gleichen Theilen Holz- und Steinkohlentheer zu überstreichen. Wenn nun dieser Anstrich von der Lehmfläche völlig eingesogen ist, bringt man auf oben angegebene Weise den elastischen Firniss auf und ist nun sicher ihn überall hin gleichmässig vertheilen zu können.

Der elastische Firniss lässt sich sowohl mit Holztheer als auch mit Steinkohlentheer vermischen und dadurch dünnflüssiger machen. Am besten ist es beide zu gleichen Theilen mit einander vermischt dazu anzuwenden, weil sie vereint am besten wirken. Dies ist gegründet in ihrem entgegengesetzten chemischen Character. Destillirt man Holztheer, so bekommt man Oehl und Säure als Destillat, beim Steinkohlentheer dagegen Oehl und Ammoniak. Der Holztheer ist also sauer, der Steinkohlentheer im Gegentheil basisch. Mit einander vermischt heben sich diese Gegensätze auf und es ist auf 2 Pfund Holztheer 1 Pfund Steinkohlentheer hinlänglich, diess zu bewirken.

Man kann also je nach dem Preis der Theerarten diese Mischungen abändern. Nur ist zu bemerken, dass man wohl Steinkohlentheer allein, sowohl zum Tränken der Lehmfläche als auch zum Verdünnen des Theerfirnisses anwenden kann; nicht ganz so gut geht diess mit dem Holztheer allein. Er bindet nicht so gut. Zusammen jedoch leisten sie wie gesagt mehr als jeder einzeln.

Wenn nun gleich diese mit Sand bestreuete Theerfirnissfläche vollkommen so wasserdicht ist, wie eine aufs sorgfältigste mit Harzplatten gedeckte nur sein kann, so ist sie doch unausbleiblich mechanischen Beschädigungen ausgesetzt. Wie leicht kann nicht beim Gehen die Firnissfläche abgerieben werden, wodurch der Lehm zu Tage kommt. Wenn diess der Fall ist, erweicht sie vom Regen und das Dach wird undicht.

Es muss daher noch eine Schutzlage aufgebracht werden, wie diess auch Dorn vorschreibt. Dass diese ebenso wie die erste gedichtet werden kann, versteht sich von selbst. Auch kann man noch eine dritte Lage machen. Jedoch dies sind Dinge, die mich nichts angehen und die ich dem Herrn Dorn und andern Bauverständigen überlasse. Meine Obliegenheiten sind schon erfüllt, wenn der Firniss das leistet, was ich von ihm behaupte, nehmlich dass eine einmalige Auftragung desselben auf eine getheerte Lehmfläche schon ein vollkommen wasserdichtes Dach giebt, es also des wiederholten Anstreichens derselben Fläche, wie es gewöhnlich bei Anwendung von Theer geschieht, nicht bedarf. Auch fallen die Ausgaben für den sonst so nöthigen Zusatz von Pech oder Colophonium zum Theer ganz weg, weil der Firniss dickflüssig genug ist und oft eher eine Verdünnung durch Theer erfordern möchte.

Ich habe die Wasserbeständigkeit des Theerfirnisses verschiedenen sehr harten Proben unterworfen, und sie hat sich sehr wohl bewährt. So liess ich auf eine gut gefirnisste, mit Sand inkrustirte Lehmfläche mehrere Tage lang einen dünnen Strahl Wassers von zwei Fuss Höhe fallen, ohne dass sie nur im mindesten litt. Auch habe ich, wie sich das von selbst versteht, geprüft, in wie weit er einer längern Einwirkung eines 3 bis 4zölligen Druckwassers widersteht, und kann versichern, dass es der Fall ist.

Bei diesen Versuchen sowohl, als auch bei der Ueberfirnissung eines wirklichen Lehmdaches ist aber auf zwei Dinge vorzugsweise zu achten, sonst misslingt alles. Die Lehmfläche muss vollkommen troken sein, wenn man sie theert und wenn man den Firniss aufbringt, und diese Aufbringung muss so geschehen, dass nirgend auch nur die kleinste Lücke bleibt, wo der Lehm hervorsieht, sonst beginnt von hieraus die Zerstörung des Daches durch Eindringen des Wassers, Erweichung etc., wie es schon oben erwähnt worden.

Die Sachischen Harzplatten können ebenfalls mit diesem elastischen Theerfirniss dargestellt werden, ohne dass man nöthig hat, ihm noch Pech hinzuzusetzen. Man macht den Firniss durch Erwärmung flüssig und bewirkt das Aufstreichen wie Sachs es in seinem Buche vorschreibt. Es ist aber zweckmässiger sich hierbei einer Bürste als eines Pinsels zu bedienen.

Diese Firnissplatten kann man biegen wie man will, ohne dass sie brechen. Man braucht daher nicht so gar ängstlich damit umzugehen, wenn man sie auf das Lehmdach aufklebt. Diess Aufkleben geschieht mit demselben Firniss, ebenso das darauf folgende Ueberstreichen der bereits aufgeklebten Platten.

Um eine solche Firnissplatte auf ihre Wasserdichtigkeit zu prüfen, giebt es ein äusserst einfaches Mittel. Man faltet sie wie ein Filtrum zusammen, stellt dies in einen Trichter und giesst es voll Wasser. Ein solcher steht bei mir bereits 4 Wochen und es ist bei einer Druckhöhe von 8 Zoll Wasser auch noch nicht das Mindeste durchgedrungen.

Ich bin vom Publikum, welches mich kennt, überzeugt, dass es meinen Angaben Glauben schenken und nicht säumen wird, den elastischen Theerfirniss wenigstens versuchsweise kommen und anwenden zu lassen, und es soll mich sehr freuen, wenn es mir die Gerechtigkeit wiederfahren lässt, auch etwas beigetragen zu haben zu der Verschönerung unserer Häuser, deren widrige Giebelphysiognomie ein ästhetisches Gemüth auf mehrfache Weise unangenehm berührt.

Chemische Untersuchung des Steinkohlentheers.

Durch eine langsame Destillation zerfällt der Steinkohlentheer in 2 Hauptbestandtheile: Oehl und Pech.

Das Oehl hat einen unangenehmen durchdringenden Geruch, der vom Schwefel, dem Ammoniak und mehreren riechbaren Basen und Säuren herrührt, mit denen ich mich jetzt beschäftigen will.

Ehe ich mich weitläuftig über ihre Darstellungsweise und ihre Verbindungen verbreite, gebe ich im Kurzen ihre Charakteristik und bemerke ausdrücklich, dass es mir bei der Namenbildung nicht um sprachrichtige Zusammensetzung, sondern nur darum zu thun war, neue, passende Wörter zu bilden, um neue Gegenstände zu bezeichnen. Die Benennungen sind aus *Oleum* und dem griechischen oder lateinischen Namen einer Farbe etc. zusammengesetzt. Das Erstere soll die Abstammung aus dem Steinkohlenöl, das Zweite bestimmte Eigenschaften andeuten.

Basische Stoffe des Steinkohlenöhls.

1. Kyanol oder Blauöhl.

Das Kyanol ist ein flüchtiger basischer Stoff von einem kaum bemerkbaren eigenthümlichen Geruch, der die Säuren neutralisirt und damit farblose Salze bildet, die zum Theil krystallisiren.

Es zeigt ein ganz eigenthümliches Verhalten zur Chlorkalkauflösung, indem es damit eine *lazurblaue Flüssigkeit* bildet, die nur durch viel Ueberschuss an freiem Chlor entfärbt wird. Die Kyanolsalze reagiren auf gleiche Weise. Sie lösen sich meist, mit Chlorkalkauflösung übergossen, mit *schöner veilchenblauer Farbe* darin auf. Im Fall sich bei diesen Auflösungen viel freies Chlor entwickelt, wie es bei den sauren Kyanolsalzen geschicht, tritt statt der blauen eine orange Färbung ein.

Ferner zeichnen sie sich besonders dadurch aus, dass *sie in farbenloser Auflösung dem weissen Hollundermark und dem Fichtenholz eine intensiv gelbe Färbung ertheilen, die selbst von Chlor nicht zerstört wird*, wenigstens nicht unter den Umständen, unter welchen es mit den andern organischen

Farben, selbst den ächtesten, der Fall ist. So wird z. B. ein Stück türkischroth gefärbter Kattun, bekanntlich die ächteste organische Farbenverbindung, die es giebt, sogleich entfärbt, wenn man es, mit Kleesäure oder Weinsteinsäure befeuchtet, in eine Chlorkalkauflösung eintaucht. Bei dem durch saures kleesaures Kyanol gelb gefärbten Holze geschieht es dagegen nicht. Papier, Baumwolle, Leinwand, Wolle und Seide werden nicht gelb gefärbt.

Die Fichtenholzfärbung durch die Kyanolsalze ist so stark, dass ein Tröpfchen, welches nur $\frac{1}{100'000}$ an Kyanol enthält, noch eine bemerkbare Gelbung auf dem Holze hervorbringt. — Es ist übrigens nicht die Holzfaser, welche diese gelbe Reaction verursacht, sondern ein mit Wasser und Weingeist ausziehbarer, eigenthümlicher Stoff des Holzes, der auch in einigen anderen Holzarten und, wie bereits angeführt, im Hollundermark sich findet. Das Fichtenharz hat keinen Theil daran.

Das Steinkohlenöhl ist ziemlich reich an Kyanol. Durch Chlorkalkauflösung kann man sein Vorhandenseyn schnell darthun. Schüttelt man nämlich 1 Steinkohlenöhl mit einer klaren Chlorkalkauflösung, welche auf 20 Wasser 1 Chlorkalk enthält, so färbt sich das Oehl auf der Stelle dunkelroth, und die Chlorkalkauflösung nimmt eine *lazurblaue Farbe an, von der Intensität und Schönheit des wässrigen schwefelsauren Kupferammoniaks.* Diese Färbung rührt vom Kyanol her. Es wird durch den Chlorkalk in eine Säure verwandelt, die mit Basen blaue Verbindungen bildet. Hier ist es das Kalkwasser der Chlorkalkauflösung, womit die entstandene Säure blauen kyanolsauren Kalk erzeugt.

Auch durch Salzsäure ist es davon schnell zu scheiden. Schüttelt man nämlich 3 Volume Steinkohlenöhl mit 1 Volum gewöhnlicher Salzsäure, so nimmt die Säure eine bräunliche Farbe an, und ein hineingetauchter Fichtenspahn erleidet die oben bemerkte dunkelgelbe Färbung, welche das Daseyn des Kyanols anzeigt. Diese Farbe geht jedoch bald in die braune über, weil gleichzeitig ein anderer Stoff sich in der Säure auflöst, der mit Salzsäure und Fichtenholz eine dunkelblau gefärbte Verbindung eingeht.

2. Pyrrol oder Rothöhl.

Dieser Bestandtheil des Steinkohlenöhls ist im reinen Zustande gasförmig, und besitzt einen angenehmen Geruch nach Märkschen Rüben. Das Pyrrol wird durch die folgende Reaction sehr leicht erkannt. Taucht man nämlich einen mit Salzsäure befeuchteten Fichtenholzspahn in die Luft einer Flasche, welche etwas Pyrrol enthält, so *färbt er sich dunkel purpurroth*, eine Färbung, die wie die gelbe des Kyanols nicht durch Chlor zerstört wird. Papier etc. mit Salzsäure befeuchtet, bleibt unter denselben Umständen farblos.

Diese Holzfärbung der Verbindungen des Pyrrols mit Säuren ist nicht minder intensiv, wie die der Kyanolsalze, daher man durch ein Fichtenspähnchen immer noch $\frac{1}{300000}$ Pyrrol entdecken kann. Es ist gleichfalls nicht die Holzfaser, sondern derselbe Holzstoff, der mit den Kyanolsalzen die gelbe Verbindung eingeht, welcher hier die rothe bildet.

Durch Salpetersäure wird eine wässrige Auflösung des Pyrrols auf der Stelle *schön hochroth gefärbt.*

Im Steinkohlenöhl ist das Pyrrol schwierig aufzufinden, weil das Kyanol und die Karbolsäure durch ihre starken Reactionen seine Reaction undeutlich machen. Im Waschwasser des Leuchtgases entdeckt man es jedoch leicht dadurch, dass man dieses mit Salzsäure übersättigt, und nun einen Fichtenholzspahn hineintaucht; das saure salzsaure Pyrrol färbt diesen auf der Stelle *purpurroth*.

Das Pyrrol macht einen Hauptbestandtheil des empyreumatischen Ammoniaks aus, und wenn man seinen Geruch erst kennt, unterscheidet man es bald unter den flüchtigen Gestänken, welche sich bei der Knochen- und Hornverkohlung entwickeln. Auch im s. g. Tabacksöhl ist Pyrrol enthalten.

3. Leukol oder Weissöhl.

Diese dritte Basis habe ich Leukol oder Weissöhl genannt, weil sie keine farbigen Reactionen zeigt. Sie wird nicht durch Chlorkalk blau gefärbt, und ihre Salze ertheilen dem Fichtenholz keine Farbe. Das Leukol ist öhlartig, riecht durchdringend und charakterisirt sich besonders durch seine Salze, welche es mit Säuren bildet, als einen eigenthümlichen Stoff. Es verliert durch die Neutralisation mit Säuren seinen Geruch, und bildet namentlich mit der Kleesäure ein schön krystallisirendes Salz.

Mit der feuchten Haut in Berührung kommend, entwickelt besonders das kleesaure Leukol einen phosphorartigen Geruch. Im Steinkohlenöhl wird das Leukol leicht entdeckt durch Mischen mit Kalkbrei. Der an Phosphor und Blausäure erinnernde starke Geruch kommt vom Leukol her.

Saure Stoffe aus dem Steinkohlenöhl.

1. Karbolsäure oder Kohlenöhlsäure.

Die Karbolsäure ist ein farbenloser, sauer reagirender, öhlartiger Stoff, der im Wasser untersinkt und ein grosses Lichtbrechungsvermögen besitzt. Der Geruch ist schwach empyreumatisch, aber der Geschmack höchst ätzend und brennend. Auf die Haut äussert die Karbolsäure eine sehr starke Wirkung. Bestreicht man dieselbe damit, so entsteht mit Begleitung einer brennenden Empfindung ein *weisser Fleck*, der besonders beim Benetzen mit Wasser sichtbar wird, und sich nach einer Minute in einen rothen umwandelt. Nach einigen Tagen stirbt die Haut; sie wird glänzend und schuppt sich ab. Hierin ähnelt die Karbolsäure dem Kreosot. Sie unterscheidet sich aber wesentlich dadurch von ihm, dass sie entschieden eine Säure ist, durch basisch essigsaures Bleioxyd gefällt, durch Ammoniak und Lufteinwirkung nicht verändert, dagegen durch Salpetersäure, selbst verdünnte, in einen rothbraunen Stoff verwandelt wird, und endlich den Leim fällt. Alles Eigenschaften, die dem Kreosot mangeln.

Die Karbolsäure löst sich im Wasser. Die Auflösung ist farblos und die Säure wird durch Vermischen mit Salpetersäure schnell sichtbar gemacht. Das Wasser wird nämlich gelb oder orange, und bald darauf rothbraun. Ein mit Karbolwasser benetzter Fichtenspahn nimmt durch Befeuchten mit Salzsäure nach etwa einer halben Stunde eine *schöne blaue Farbe* an. Auch der Dunst der Salzsäure färbt karbolsäurehaltige Hobelspähne blau. Diese Farbe widersteht, wie die gelbe des Kyanols und die rothe des Pyrrols, der Bleichkraft des Chlors in einem hohen Grade.

Die karbolsauren Salze sind farblos, und manche davon krystallisirbar. Ihre wässrigen Auflösungen erzeugen mittelst der Salzsäure auf dem Fichtenholz dieselben blauen Färbungen, wie es das Karbolwasser thut. Papier etc. wird unter gleichen Umständen nicht verändert.

Diess ist also die dritte Färbung, welche das Fichtenholz erleidet, und dadurch wird es wirklich zu einem ganz unentbehrlichen Reagens bei der Scheidung der Bestandtheile des Steinkohlenöhls.

Die Karbolsäure fällt das Eiweiss wie den Leim, und schützt organische Stoffe vor der Fäulniss; was aber noch mehr ist, sie *benimmt faulenden Thierstoffen, z. B. Fleisch, auf der Stelle den Gestank*, wenn dieses mit der wässrigen Auflösung übergossen wird, und leistet in dieser Hinsicht viel mehr als das Chlor. Mit dem räuchernden Princip scheint sie jedoch nicht identisch zu seyn, denn ein solches Fleisch schmeckt abscheulich.

Um die Gegenwart der Karbolsäure im Steinkohlenöhl darzuthun, schüttelt man es mit Kalkmilch, filtrirt das Wässrige ab, und verdunstet es fast bis zur Syrupdicke. Salzsäure scheidet aus dieser Masse, die unreiner karbolsaurer Kalk ist, unreine Karbolsäure ab.

2. Rosolsäure oder Rosaöhlsäure.

Die Rosolsäure ist ein Erzeugniss der chemischen Zerlegungsweise des Steinkohlenöhls, und darum um so merkwürdiger, dass sie sich wie ein *wirkliches Pigment* verhält. Sie giebt nämlich mit den geeigneten Beizen rothe Farben und Lacke, die an Schönheit denen aus Saflor, Cochenille und Krapp an die Seite gestellt werden können.

Die Rosolsäure ist eine harzige Masse, die sich pülvern lässt und eine schöne orangegelbe Farbe besitzt.

Den Stoff, woraus sich die Rosolsäure bildet, habe ich im Steinkohlenöhl nicht auffinden können. Um aber ihre schnelle Entstehung zu veranschaulichen, braucht man nur Steinkohlenöhl mit Kalkmilch zu schütteln, die wässrige Auflösung abzufiltriren und einige Stunden sieden zu lassen. Die anfangs farblose oder gelbliche Flüssigkeit färbt sich nun dunkelroth. Diese Färbung rührt vom entstandenen rosolsauren Kalk her, der bei einiger Ruhe sich als ein hochrothes Pulver niederschlägt.

3. Brunolsäure.

Diese Säure ist ein Begleiter der Rosolsäure, und entsteht unter denselben Umständen. Sie ist glasig, glänzend, leicht zu pülvern und sieht dem Asphalt ähnlich. Die meisten brunolsauren Verbindungen sind braun und unauflöslich, dagegen die der Rosolsäure roth und auflöslich sind. Die Scheidung beider hat daher keine Schwierigkeiten.

Ausser diesen 6 Stoffen lassen sich aus dem Steinkohlenöhl noch einige andere, bisher noch nicht bekannte, abscheiden oder bilden. Ich übergehe sie jedoch für jetzt, da ich noch keine charakterisirende Reagentien für dieselben entdeckt habe.

Darstellung des Kyanols und Leukols.

Man schüttelt

12 Steinkohlenöhl
2 Kalk und
50 Wasser

während 6 bis 8 Stunden abwechselnd mit einander, und scheidet sorgfältig die wässrige Auflösung von Kalk und Oehl durch's Filtriren. Erstere, welche bräunlich gelb gefärbt ist, wird der Destillation unterworfen und bis zur Hälfte abdestillirt. Das Destillat, welches aus einem dicken Oehle und der Auflösung desselben in Wasser besteht, enthält Karbolsäure in Verbindung mit Ammoniak,

Leukol, Pyrrol, und Kyanol. Es sind 5 Destillationen nöthig, um aus diesem Gemenge das Kyanol und Leukol zu scheiden.

Die erste Destillation geschieht mit einem Ueberschuss an Salzsäure. Hierdurch werden das Pyrrol und die Karbolsäure entfernt, die in die Vorlage übergehen. Man setzt daher die Destillation so lange fort, bis das Uebergehende nicht mehr roth, braun oder gelb gefärbt wird, wenn man es mit starker Salpetersäure vermischt. Ist dieser Punkt eingetreten, so unterbricht man die Destillation, und hat nun in der Retorte ein Gemenge aus Ammoniak, Leukol, und Kyanol, in Verbindung mit Salzsäure.

Dieses Gemenge, welches sehr gelb gefärbt ist, wird nun mit Aetznatronlauge im Ueberschuss destillirt. Alle drei Basen gehen in die Vorlage mit dem Wasser über, und in der Retorte bleibt die gelbgefärbte Lauge mit der Salzsäure zurück.

Hierauf wird das Destillat mit Essigsäure übersättigt und von Neuem destillirt, und zwar so lange als das Uebergehende noch das Fichtenholz gelb färbt. Essigsaures Kyanol und Leukol sammeln sich mit dem Wasser als farblose Flüssigkeit in der Vorlage, indess ein grosser Theil des Ammoniak, in Verbindung mit Essigsäure, im Rückstand bleibt.

Nun werden die beiden essigsauren Basen in kleesaure verwandelt, um sie als solche von einander zu scheiden. Man zieht demnach die essigsaure Verbindung beider Basen über Kleesäure ab. Man wird hierbei finden, dass anfangs reine Essigsäure übergeht, indem die Kleesäure die beiden Basen zurückbehält. So lange diess geschieht, muss man die Destillation immer von Neuem mit frischem essigsauren Kyanol und Leukol wiederholen. Endlich kommt ein Zeitpunkt, wo die übergehende Essigsäure das Fichtenholz gelb färbt. Diess zeigt Kyanol an und ist ein Beweis, dass die Kleesäure gesättigt ist. Man wechselt nun die Vorlage, um den zugesetzten Ueberschuss des essigsauren Kyanols und Leukols nicht zu verlieren, und bringt die in der Retorte befindlichen kleesauren Salze bei gelinder Wärme fast bis zur Trockne.

Man hat nun eine Masse, bestehend aus kleesaurem Kyanol und Leukol, verunreinigt mit einem braunrothen Farbstoff und Ammoniak. Sie wird zu Pulver zerrieben, mit wenig Weingeist von 85 Proc. übergossen, und auf ein Filter gebracht. Der Weingeist geht mit dem Farbstoff durch's Filter, und hinterlässt die weisse Salzmasse. Diese wird noch mehrere Male mit wenig Weingeist übergossen, bis er fast farblos durchfiltrirt. Hierauf setzt man den Trichter auf ein anderes Gefäss, und giesst so lange Weingeist auf die Salzmasse, als sich davon noch in demselben auflöst. Es bleibt nun saures kleesaures Ammoniak auf dem Filter zurück, und der Weingeist enthält kleesaures Kyanol und Leukol aufgelöst, die beim Verdunsten des Weingeistes sich krystallinisch abscheiden. Letztere werden nun mit wenig Wasser bis zur vollkommnen Auflösung erhitzt und zur Krystallisation hingestellt. Es schiesst bald ein farbenloses Salz an, welches aus schönen Gruppen feiner Nadeln besteht und *kleesaures Leukol* ist. Nach längerer Zeit zeigen sich auch Krystalle von *kleesaurem Kyanol*. Diese bilden breite Blättchen, und erscheinen in nesterartiger Anhäufung an verschiedenen Stellen der Krystallmasse des kleesauren Leukols. Sie zeichnen sich meistens durch eine bräunliche Farbe aus und färben sich, mit Chlorkalkauflösung übergossen, violettblau und das Holz goldgelb, können daher leicht erkannt und abgesondert werden.

Hat man nun beide Salze in so weit von einander getrennt, so sind sie durch wiederholtes Auflösen in Wasser und Weingeist und Krystallisation noch dergestalt zu reinigen, dass weder das kleesaure Leukol, mit Chlorkalkauflösung übergossen, farbig verändert, noch Fichtenholz, in seine Auflösung getaucht, gelb gefärbt wird. Das erstere erreicht man sehr bald, indem das kleesaure Kyanol ein grosses Bestreben hat, sich vom Leukolsalz zu trennen und sich nesterartig an bestimmten Stellen anzuhäufen. Allein um so schwieriger ist es, die letzten Antheile kleesauren Leukols vom Kyanolsalze zu trennen. Diess ist nur durch ein sehr oft wiederholtes Auflösen und Wiederkrystallisirenlassen zu erreichen. Auch muss man das kleesaure Kyanol mehrere Male in Alkohol auflösen, um den braunen Farbstoff zu entfernen, der sich dann durch Efflorescenz abscheidet. Das reine kleesaure Kyanol darf, zwischen den feuchten Fingern gerieben, nicht phosphorartig riechen.

Um aus beiden Salzen die beiden Basen abzuscheiden, destillirt man sie mit Aetznatronlauge; sie gehen dann mit den Wasserdämpfen in die Vorlage über.

Darstellung des Pyrrols.

Mit einer genügenden Darstellungsweise dieses Stoffs bin ich noch nicht ganz auf dem Reinen. Sie wird um so schwieriger, als derselbe keinen besonders hervorstechenden chemischen Charakter hat, sondern mehr amphoter sich verhält und ebenso ungern mit Säuren als mit Basen sich verbindet. Dazu kommt, dass dem Pyrrol die Karbolsäure sehr fest anhängt, und letztere vom ersteren nur durch vielmalige Destillationen mit Aetznatronlauge zu scheiden ist, wobei das Pyrrol mit immer geringeren Antheilen von Karbolsäure in die Vorlage übergeht, indess karbolsaures Natron zurückbleibt.

Zweckmässiger ist es daher, das Pyrrol aus solchen Produkten der trocknen Destillation zu scheiden, die keine Karbolsäure enthalten, oder die Trennung unter Umständen zu bewirken, wo letztere sich nicht entwickeln kann. Diess geschieht beim Sättigen des flüssigen empyreumatischen Ammoniaks, oder des sogenannten Knochen- oder Hornspiritus, mit einer Säure: Man vermischt nämlich den im ersten Gefäss des Woulfschen Apparats befindlichen, vorher wohl filtrirten Knochenspiritus mit der Säure, und lässt die sich entwickelnden Gase in Aetzlauge oder Kalkmilch treten. Diese nimmt neben Kohlensäure und Schwefelwasserstoff auch das gleichzeitig sich entwickelnde Pyrrol auf. Letzteres lässt sich dann durch blosse Destillation wieder von der Lauge trennen, geht mit den Wasserdämpfen in die Vorlage über, und bildet eine farblose Flüssigkeit, die nach Teltower Rüben riecht, mit Salpetersäure sich hochroth färbt und einem salzsauren Holzspahn eine purpurrothe Farbe mittheilt.

Um das so erhaltene Pyrrol zu reinigen, wird das Destillat mit Salzsäure versetzt, und von Neuem destillirt. Es geht nun wässriges, salzsaures Pyrrol als farblose Flüssigkeit über, die die eben erwähnten Reactionen zeigt. Durch Destillation mit Aetzlauge wird aus dieser Verbindung das Pyrrol geschieden.

Leider erhält man auf diesem Wege nur sehr wenig Pyrrol in wässriger Auflösung. Bei der nähern Beschreibung der Verbindungen des Pyrrols, werde ich auf diesen Gegenstand zurückkommen.

Darstellung der Karbolsäure.

Es werden

12 Steinkohlenöhl
2 Kalk und
50 Wasser

6 bis 8 Stunden lang geschüttelt. Die hierauf abfiltrirte wässrige Flüssigkeit ist bis auf $\frac{1}{4}$ eingekocht, roher karbolsaurer Kalk. Er wird filtrirt und mit Salzsäure im Ueberschuss versetzt. Es scheidet sich *unreine Karbolsäure* ab, die sich am Boden des Gefässes als ein braunes Oehl sammelt. Man entfernt die saure überstehende Flüssigkeit, wäscht das braune Oehl mit Wasser und unterwirft es mit Wasser der Destillation. Es geht eine milchig aussehende Flüssigkeit über, aus der sich nach und nach farblose Oehltropfen absondern. Diese sind *ziemlich reine Karbolsäure*. Wenn das in der Retorte befindliche Oehl sich etwa um zwei Drittel vermindert hat, hält man mit der Destillation inne, versetzt das Destillat in der Vorlage mit so viel Wasser, dass sich das Oel vollkommen auflöst und fällt mit basisch essigsaurem Bleioxyd. Es bildet sich ein dem Chlorsilber ähnlicher, käsiger Niederschlag von *basisch karbolsaurem Bleioxyd*. Dieser wird nach dem Aussüssen und mit einer entsprechenden Menge Schwefelsäure und Wasser der *Destillation* unterworfen. Das Bleisalz wird nun zersetzt und entlässt die Karbolsäure, welche sich in der Vorlage als ein gelbes Oehl sammelt. Dieses wird rectificirt und erscheint nun als eine *farbenlose, etwas dickliche Flüssigkeit, die ein starkes*

Lichtbrechungsvermögen besitzt. Sie ist *reine, wasserfreie Karbolsäure.* Da man die Schwefelsäure mit Wasser verdünnt anwenden muss, so verbindet sich mit der Karbolsäure auch Wasser; diess geht bei der Rectification zuerst über, und wird durch Wechselung der Vorlage entfernt.

Die hier beschriebene weitläuftige Procedur ist nöthig, um von der Karbolsäure alles Fremdartige zu trennen, als da sind: Ammoniak, Kyanol, Pyrrol und Leukol. Diese gehen durch's Einkochen der Oehlkalkverbindung fort. Ferner Schwefelwasserstoff; dieser wird durch's Fällen mit dem basisch essigsauren Bleioxyd theils entfernt, theils gebunden; dann Rosol- und Brunolsäure, diese bleiben als nicht flüchtig beim Destilliren in der Retorte zurück. Und endlich Wasser. Diess wird durch die Rectification geschieden.

Die reine Karbolsäure darf, in Wasser gelöst, das Fichtenholz, unter Mitwirkung von Salzsäure, weder gelb noch roth färben, sondern bloss rein blau. Wenn demnach dieses Blau in's Grünliche oder Bräunliche spielt, so ist nach dieser Reaction auf einen Rückhalt an Kyanol oder Pyrrol zu schliessen. Ferner darf sie der Chlorkalkauflösung keine blaue Färbung geben, da auch diess Kyanol anzeigt.

Darstellung der Rosol- und Brunolsäure.

Beim Destilliren der eben S. 24, erwähnten unreinen Karbolsänre mit Wasser, bleibt in der Retorte ein braun-schwarzer, pechartiger Rückstand, der beide oben genannten Säuren enthält. Dieser Rückstand wird so lange mit Wasser gekocht, als sich noch Karbolsäure verflüchtigt, hierauf in wenig Weingeist gelöst und mit Kalkmilch vermischt. Es bildet sich eine *schön rosenroth* gefärbte Auflösung von *rosolsaurem Kalk*, indess brunolsaurer Kalk, sich als brauner Niederschlag am Boden lagert.

Aus dem rosolsauren Kalk wird die Rosolsäure durch Essigsäure geschieden und von Neuem mit Kalk verbunden, wodurch sich noch Brunolsäure abscheiden lässt. Diese Zersetzung durch Säure und diess Wiederauflösen mit Kalkmilch wird so lange fortgesetzt, als noch ein Rückhalt von Brunolsäure bemerkbar ist. Endlich sammelt man die Rosolsäure auf ein Filter und löst sie nach dem Aussüssen und Trocknen in Alkohol auf. Sie bleibt nach dem Verdunsten des Alkohols als eine feste, glasartige, harte, orangerothe Masse zurück.

Eine minder umständliche Scheidungsart der Rosolsäure ist die, aus rohem karbolsaurem Kalk (S. 23.) durch vorsichtiges Abdampfen desselben, bis fast zur Syrupdicke, und Vermischen mit $\frac{1}{3}$ Weingeist. Nach einigen Tagen bemerkt man an den Wänden des Gefässes eine Menge hochroth gefärbter Krystalle von rosolsaurem Kalk, die man absondert, gut abwäscht und durch wiederholtes Auflösen in Wasser, Abdampfen, Zerlegen mit Essigsäure und Wiederauflösen in Kalkmilch reinigt. Wenn endlich die rosolsaure Kalkauflösung mit einer so rein rothen Farbe erscheint, dass diese der rothen Alaunauflösung gleicht, worin gewaschener Krapp gekocht worden, so wird durch Essigsäure die Rosolsäure niedergeschlagen.

Um die Brunolsäure rein darzustellen, wird der unreine brunolsaure Kalk mit überschüssiger Salzsäure übergossen. Es scheidet sich Brunolsäure in braunen Flocken ab, die noch mehrere Male mit Kalk und Säure behandelt werden, um alle Rosolsäure davon zu trennen. Hierauf löst man die wieder vom Kalk durch die Salzsäure abgeschiedene Säure in Aetznatronlauge, filtrirt, und mischt die Auflösung wieder mit Salzsäure, wodurch nun eine reinere Brunolsäure niederfällt, die durch Auflösen in Alkohol völlig gereinigt wird.

Nachdem nun im Allgemeinen die Charakteristik und die Darstellungsweisen der verschiedenen Steinkohlenstoffe gegeben, gehe ich zur besonderen Betrachtung einiger der interessantern über.

Verbindungen des Kyanols.

Die Scheidung des Kyanols aus dem Steinkohlenöhl und seine Trennung vom Leukol durch Sättigen mit Kleesäure, oft wiederholtes Krystallisiren und Wiederauflösen ist bereits S. 19. angegeben.

Um das Kyanol aus dem krystallisirten, kleesauren Salze darzustellen, wird seine wässrige Auflösung mit einer Auflösung von kohlensaurem Natron im Ueberschuss versetzt und destillirt. Das farblose wässrige Destillat enthält das Kyanol. Es wird daraus durch Schütteln mit 2 bis 3 Volumen Aether geschieden. Der Aether entzieht dem Wasser das Kyanol, welches, nach freiwilliger Verdunstung des ersteren, als farblose öhlartige Flüssigkeit zurückbleibt.

Das Kyanol hat einen schwachen, eigenthümlichen, nicht unangenehmen Geruch. Es ist flüchtig und verdunstet bald an freier Luft. Sein Dunst ist ohne nachtheilige Wirkung für Kopf und Lungen. In wässriger Auflösung tödtet es aber Blutegel, unter Erscheinungen, die auf eine eigenthümliche Wirkung schliessen lassen. Der

Egel dehnt sich anfangs unter nur schwachen Bewegungen zu einem langen Faden aus, ohne sich mit dem Schwanz am Glase anzuhalten, und wälzt sich herum, dann dreht er sich spiralförmig zusammen und stirbt endlich unter immer schwächer werdenden Bewegungen. Das Leukol wirkt ganz entgegengesetzt, indem diess den Blutegel unter den allerheftigsten Zuckungen tödtet.

Abgeschnittene Pflanzen vegetiren kümmerlich in wässrigem Kyanol und sterben in einigen Tagen. Stellt man die Versuche in Vergleich mit reinem Wasser in enghalsigen Flaschen an, so bemerkt man, dass das reine Wasser sich schnell vermindert, indem es von den Pflanzenzweigen aufgesogen wird, das kyanolhaltige Wasser dagegen nicht, oder doch ungleich langsamer.

Gegen Curcuma und Lackmus zeigt das Kyanol weder basische noch saure Reaction, auch dann nicht, wenn sie mit seiner wässrigen Auflösung in Berührung kommen.

Durch Salpetersäure wird das Kyanol zerstört. Dampft man viel Salpetersäure über wenig Kyanol bei 100° C. ab, so bleibt eine braunschwarz gefärbte Masse, die mit Kalkwasser keine blaue Auflösung giebt.

Durch Chlorkalk wird das Kyanol in eine Säure verwandelt, die mit Basen blaue Verbindungen bildet. Bringt man Kyanol mit 10 Mal so viel milchiger Chlorkalkauflösung (1 Chlorkalk auf 20 Wasser) zusammen, so entsteht ein höchst intensiv gefärbtes *prächtiges Veilchenblau*, das bei Zusatz von Säure in's Hochrothe übergeht. Kalk stellt die blaue Farbe wieder her. Diess geschieht aber nur dann, wenn beim Zusatz der Säure kein unzersetzter Chlorkalk mehr vorhanden war; im entgegengesetzten Fall verwandelt sich das Kyanol durch's freie Chlor in einen braunen Stoff.

Schwefelsäure, kalt, reagirt nicht farbig mit Kyanol. Werden beide bis zu 100° C. erwärmt, so tritt eine schwache Bräunung ein.

Da die Alkalien das Kyanol aus seinen Verbindungen mit Säuren austreiben, so sind sie ohne zersetzende Wirkung auf dasselbe.

Das Kyanol enthält Stickstoff und giebt bei seiner Zersetzung Ammoniak, wie unten S. 32. beim schwefelsauren Kyanol angegeben ist.

Im Wasser ist das Kyanol leicht löslich. Eben so in Alkohol und Aether. Letzterer entzieht, wie bereits angegeben, der wässrigen Auflösung das Kyanol.

Sowohl die wässrige als die ätherische Auflösung dunstet Kyanol aus. Taucht man in die Luft einer Flasche, welche wässriges Kyanol enthält, nur kurze Zeit einen salzsauren Fichtenholzspahn, so färbt sich dieser dunkelgelb. Dasselbe geschieht, wenn man einen solchen Spahn über eine Schale legt, worin die ätherische Kyanolauflösung freiwillig verdunstet.

Wenn man Kyanoldunst mit dem der Salzsäure zusammenbringt, so erzeugen sich *keine* weisse Nebel.

Stellt man zwei Gefässe unter einer Glocke neben einander, von denen das eine wässriges Kyanol, das andere verdünnte Salzsäure enthält, so zieht, innerhalb 12 Stunden, die Salzsäure Kyanol an und färbt nun Fichtenholz gelb.

Die wässrige Auflösung des Kyanols färbt für sich das Fichtenholz nur schwach gelb; eine ätherische ertheilt ihm gar keine Farbe, die aber sogleich sehr stark erscheint, wenn man Salzsäure hinzubringt.

Die Metallsalze zersetzt das Kyanol nur unvollkommen. In den Auflösungen des neutralen und basisch essigsauren Bleioxyds bewirkt es Trübungen und weisse Niederschläge.

Salpetersaure Silberauflösung wird durch wässriges Kyanol nicht verändert. Erst nach längerer Zeit oder beim Erwärmen entsteht ein schwarzbrauner Niederschlag.

Bringt man auf eine, mit Chlorgoldauflösung bestrichene, durch Wasserdampf von ungefähr 100° C. geheizte Porcellanplatte einen Tropfen wässriges Kyanol, so entsteht sogleich ein purpurfarbener Fleck, der schnell blaue Ränder bekommt und beim Eintrocknen sich blaugrau färbt. Dieser Fleck zeigt *keinen* Metallgoldglanz.

Erwärmt man Chlorgoldauflösung mit einem Ueberschuss an wässrigem Kyanol, so bildet sich eine purpurrothe Flüssigkeit, die durch Alkalien *nicht* gebläut wird; also verschieden ist von dem Stoff, der sich durch Chlorkalkeinwirkung bildet.

Die Säuren sättigt das Kyanol vollkommen, und bildet damit farblose, meistens schön krystallisirende Salze. Das essigsaure Kyanol krystallisirt nicht und ist mit Wasser sehr leicht destillirbar. Das salzsaure Kyanol fängt schon bei 100° C. an sich zu verflüchtigen, und das kleesaure Salz entlässt, etwas über 100° C. erwärmt, Kyanol, und verwandelt sich in ein saures Salz. Reine und kohlensaure Alkalien scheiden aus den Kyanolsalzen das Kyanol ab. Im letzteren Fall ist jedoch das Kyanol nicht kohlensauer, indem das wässrige Destillat von essigsaurem Kyanol und kohlensaurem Natron das Kalkwasser nicht trübt.

Die Kyanolsalze werden leicht daran erkannt, dass sie in wässriger Auflösung das *Fichtenholz dunkelgelb* färben. Diese Färbung ist verschieden stark nach der Verschiedenheit der Säure. Essigsaures Kyanol färbt am schwächsten, salz- und salpetersaures am stärksten. Wärme vermehrt die Färbung der letzteren.

Wenn eine Chlorkalkauflösung viel überschüssigen Kalk enthält, so färbt sie die Kyanolsalze *veilchenblau*. Ist diess nicht der Fall, so tritt nur eine gelbe Färbung ein. Um ein mit den stärkeren Säuren gesättigtes Kyanol schnell vom reinen Kyanol zu unterscheiden, so bestreicht man eine durch Dampf erwärmte Porcellanplatte mit basicher Chlorkalkauflösung, und bringt, wenn dieselbe eingetrocknet ist, einen Tropfen der zu prüfenden Flüssigkeit darauf. Das reine Kyanol erzeugt einen himmelblauen Fleck, der stellenweis rosenroth ist, die Kyanolsalze dagegen bewirken bloss eine Gelbung.

Schwefelsaures Kyanol.

Man mischt verdünnte Schwefelsäure und wässriges Kyanol, doch so, dass letzteres im Ueberschuss ist, und dampft ab. Es bildet sich eine an der Luft trocken bleibende weisse Krystallmasse und ändert bei 100° C. die Farbe nicht.

In einer Glasröhre erhitzt, verkohlt sich das schwefelsaure Kyanol schnell unter Entwicklung von schwefliger Säure und Wasser. Kalkhydrat entbindet aus diesem Destillat Ammoniak.

Die wässrige Auflösung dieses Salzes färbt Fichtenholz dunkelgelb, basische Chlorkalkauflösung veilchenblau und röthet Lackmus.

Trotz dieser Röthung ist das schwefelsaure

Kyanol ein neutrales Salz, das keine freie Schwefelsäure enthält, wie ich folgendermassen beweise.

Die Schwefelsäure zersetzt den Zucker bei 100° C., unter eigenthümlichen Farbenerscheinungen, je nach der damit in Berührung gebrachten Menge. Bestreicht man eine Porcellanplatte mit einer Auflösung von 1 Zucker in 30 Wasser, und erhitzt sie, wie bereits oben angegeben, mittelst Wasserdampf, so bringt ein Tröpfchen einer Flüssigkeit, welche auf 300 Wasser 1 Schwefelsäure enthält, einen *dunkelschwarzen Fleck* hervor. Bei einem grösseren Wassergehalt ändert sich die Farbe, und geht z. B. in ein *dunkles Grün* über, wenn man von einer Flüssigkeit, welche in 8000 Wasser nur 1 Schwefelsäure enthält, einen Tropfen auf die heisse gezuckerte Fläche bringt.

Diess Verhalten der Schwefelsäure zum Zucker ist hier zur Prüfung des schwefelsauren Kyanols benutzt. Ein Tropfen seiner Auflösung bringt aber weder einen schwarzen noch einen grünen Fleck auf der heissen Zuckerfläche hervor, sondern nur einen schwach braun gefärbten. Mischt man jedoch absichtlich Schwefelsäure hinzu, so treten die oben genannten Reactionen ein. Hieraus schliesse ich, dass das Kyanol die Schwefelsäure vollkommen neutralisire [1]).

---

1) Die eben erwähnten Veränderungen des Zuckers in Berührung mit freier Schwefelsäure, unter dem Einfluss von 100° C., sind auch noch anderweitig zu benutzen; besonders da es uns an einem Reagens für *freie* Schwefelsäure bisher noch gefehlt hatte. Der Zucker ist ein solches, und übertrifft rücksichtlich der Empfindlichkeit bei weitem den Baryt. So ist es z. B. unmöglich die Reaction deutlich wahrzunehmen, die ein Barytsalz in einem Tröpfchen, welches etwa $\frac{1}{10}$ Gran wiegt und nur $\frac{1}{80000}$ Schwefelsäure enthält, hervorbringt. Bei Anwendung des Zuckers und der Sied-

Salpetersaures Kyanol.

Man versetzt Salpetersäure mit wässrigem Kyanol im Ueberschuss und dampft zur Krystallisa-

---

hitze ist diess noch möglich. Mischt man 1 Gran Schwefelsäure mit 8000 Gran Wasser, so bringt 1 Gran von dieser Flüssigkeit auf der heissen Zuckerfläche, wie bereits oben angegeben, noch einen dunkelgrünen Fleck hervor, der sich bequem in 10 und mehr Theile theilen lässt, was demnach $\frac{1}{10000}$ und noch weniger Schwefelsäure anzeigt.

Ein mit *Schwefelsäure verfälschter Essig kann mit gösster Sicherheit* auf obige Weise geprüft werden.

Bei Kalk- und Bleiverbindungen, welche organische Säuren enthalten und durch Schwefelsäure zersetzt werden sollen, hält es oft sehr schwer den Punkt zu treffen, wo man mit dem Zusetzen der Schwefelsäure einhalten muss. Mittelst des Zuckers ist diess leicht zu ermitteln. Meistens wird jedoch auch die organische Säure durch die Schwefelsäure bei 100° C. verkohlt, wie z. B. die Weinsäure, und dann bedarf es des Zuckers nicht.

Da die Phosphorsäure den Zucker nicht zersetzt, so kann man bei Zerlegung der Beinasche mittelst Schwefelsäure gleichfalls den Zucker anwenden, um zu erfahren, ob sie vollständig geschehen oder ob ein Ueberschuss an Schwefelsäure vorhanden sey.

Schwefelsaure Metallsalze röthen Lackmus. Auch diess ist nicht immer ein Beweis gegen ihre Neutralität. Denn schwefelsaures Zinkoxyd z. B. verändert die heisse Zuckerfläche nicht.

Umgekehrt ist nun auch die Schwefelsäure ein Reagens auf Zucker. Es wird zu diesem Behufe die Porcellanplatte mit saurem schwefelsauren Kali bestrichen und ebenfalls durch Wasserdampf geheizt. Da jedoch eine Menge anderer Stoffe gleichfalls durch Schwefelsäure verkohlt oder geschwärzt werden, so findet diess nur eine untergeordnete Anwendung.

Bemerkenswerth ist es, dass eine, mit Stärkekleister bestrichene Porcellanfläche die Zuckerfläche nicht ersetzen kann, indem sie nur höchst unmerkliche Veränderungen durch geringe Mengen Schwefelsäure erleidet. Ein Verhalten, das als ein chemischer Unterschied zwischen Zucker und Stärke gelten kann.

tion ab. Um sicher zu seyn, dass keine Salpetersäure vorwalte, erhitzt man einige Tropfen der Mischung in einem Reactionsglase und bringt in den Dampfraum einen salzsauren Fichtenholzspan. So lange dieser sich noch nicht gelb färbt, muss man mit dem Zusetzen des Kyanols fortfahren.

Das salpetersaure Kyanol krystallisirt in farblosen Nadeln, die in feuchter Luft nicht zerfliessen. In einer Glasröhre erhitzt, verwandelt es sich unter schwacher Verpuffung schnell in eine schwarze kohlige Masse.

Das salpetersaure Kyanol löst sich sehr leicht in Aether, Alkohol und Wasser auf. Beim Verdnnsten der alkoholischen Auflösung bleibt das Salz röthlichbraun gefärbt zurück, eine Färbung, die sich erst beim Wiederauflösen in Wasser verliert.

Fichtenholzspäne erhalten in der Auflösung des salpetersauren Kyanols eine prächtig goldgelbe Färbung, die bei 100° C. sich nicht bräunt, dagegen an Schönheit zunimmt. Basische Chlorkalkauflösung erzeugt mit diesem Salze ein schönes Violett. Lackmus wird stark geröthet.

Diese Röthung ist aber wie beim schwefelsauren Salz kein Beweis für das Vorhandenseyn *freier* Säure. Die Verbindung muss vielmehr als neutral betrachtet werden, was sich auf folgende Weise darthun lässt.

Die concentrirte Salpetersäure färbt bekanntlich Federn gelb. Verdünnte thut diess auch, wenn man eine Hitze von 100° C. anwendet. Bringt man z. B. auf eine durch Dampf geheizte Porcel-

---

Eine Gummifläche wirkt gleichfalls ganz anders als Zucker. Ein Tropfen, welcher $\frac{1}{300}$ Schwefelsäure enthält, färbt sie nicht schwarz, sondern nur schmutziggelb.

lanplatte einen Tropfen einer höchst verdünnten Salpetersäure und wirft einige Federkielspänchen hinein, so färben sich diese, sobald die Verdunstung geschehen, sehr deutlich gelb. Beim Vorhandenseyn von sehr wenig Säure, zeigt sich die Gelbung bloss *an den Enden* der Spänchen; bei mehr Säure werden sie auf ihrer ganzen Oberfläche gelb.

Prüft man nun auf gleiche Weise eine salpetersaure Kyanolauflösung, indem man einen Tropfen auf die heisse Porcellanplatte bringt und einige Federkielspänchen hineinwirft, so färbt sie dieselben *nicht* gelb, woraus ich schliesse, dass in diesem Salze die Salpetersäure vollständig durch's Kyanol neutralisirt sey.

Der Beweis für die Neutralität dieses Salzes lässt sich auch noch dadurch führen, dass es auf der 100° C. heissen Porcellanplatte seine Farbe nicht verändert, dagegen sich sogleich *schwärzt*, wenn man etwas freie Salpetersäure hinzubringt.

Im Conflict mit *Chlorkupfer* zeigt das salpetersaure Kyanol ganz eigenthümliche Reactionen. Bestreicht man die 100° C. heisse Porcellanplatte mit einer Auflösung von *Chlorkupfer* und bringt, nachdem sie eingetrocknet ist, einen Tropfen salpetersaurer Kyanolauflösung darauf, so entsteht *auf der Stelle ein dunkel grünschwarzer* Fleck. Bei Anwendung *salpetersauren* Kupferoxyds ist diess nur dann der Fall, wenn man gleichzeitig ein salzsaures Salz, z. B. salzsaures Kyanol bringt. — Hätten wir nicht für letztere Salze hinlänglich genügende Reagentien, so könnte diess Verhalten einen praktischen Nutzen gewähren.

Erhitzt man salpetersaures Kyanol, mit salzsauren Salzen oder auch mit salzsaurem Kyanol gemischt, auf der Porcellanplatte bis zu 100° C., so erfolgt keine Zersetzung. Bringt man nun aber irgend ein Kupfersalz hinzu, so entsteht jene oben erwähnte Schwärzuug. Höchst geringe Mengen Kupfersalz bewirken noch eine sehr starke Reaction [1]).

Salzsaures Kyanol.

Man übersättigt Salzsäure mit wässrigem Kyanol; dampft ab und krystallisirt. Die Krystalle werden der Snblimation unterworfen, wobei sie anfangs schmelzen, und sich, unter Hinterlassung einer geringen Menge schwarzer Substanz, in Form weisser Dämpfe erheben und an die Gefässwände ansetzen.

Wenn trockner Kyanoldunst, wie er sich beim vorsichtigen Erhitzen des kleesauren Kyanols entwickelt, mit einem Holzstäbchen in Berührung kommt, das in Salzsäure getaucht worden, so färbt sich dieses Stäbchen gelb und erscheint nach längerer Zeit wie bereift von einem krystallinischen Anflug des gebildeten salzsauren Kyanols.

Das salzsaure Kyanol löst sich sehr leicht in Aether, Alkohol und Wasser. Diese Auflösun-

---

1) Das vorhin, S. 34, erwähnte Reagens für freie Salpetersäure (Federn) ist noch in vielen anderen Fällen anwendbar, die ich hier nicht alle aufführen mag. So kann man dadurch sehr schnell erfahren, ob eine Salzsäure salpeterhaltig sey. Reine verdünnte Salzsäure färbt die Federkielspänchen auf der heissen Porcellanplatte *nicht*; setzt man aber höchst kleine Mengen Salpetersäure oder auch nur Salpeter hinzu, so erfolgt die erwähnte Gelbung.

Auch die Neutralität anderer salpetersaurer Salze ist dadurch zu erforschen. So verändert z. B. die salpetersaure Bleioxydauflösung die Farbe der Federkielspänchen bei 100° C. nicht, obwohl diese sehr stark Lackmus röthet.

gen reagiren gegen Fichtenholz und Chlorkalk wie die des schwefel- und salpetersauren Kyanols. Auch wird Lackmus sehr stark geröthet.

Diese Röthung findet aber auch hier unbeschadet der Neutralität statt, wie das Verhalten gegen folgendes Reagens auf *freie* Salzsäure beweist.

Die grosse Familie der Rubiaceen charakterisirt sich chemisch durch eine in allen ihren Gattungen und den meisten Species vorkommende Säure, welche ich *Rubiaceensäure* nenne, und die sich dadurch auszeichnet, dass sie, mit Salzsäure bis zu 100° C. erhitzt, in einen *blaugrün* gefärbten Stoff verwandelt wird. Höchst geringe Mengen Salzsäure reichen hin, auf einer mit Rubiaceensäure bestrichenen nnd durch Wasserdampf erhitzten Porcellanplatte blaugrüne Färbungen hervorzurufen, die, wenn man die verdünnte Salzsäure tropfenweis aufbringt, besonders an den Rändern der eingetrockneten Tropfen hervortreten [1]). Solche Färbungen bewirkt nun eine Auflösung des salzsauren Kyanols *nicht*, weshalb ich es für ein neutrales Salz halte.

Für sich in einer Glasröhre erhitzt, ist dieses Salz keiner Veränderung unterworfen. Mengt man

1) Die hier erwähnte Rubiaceensäure kann man sich aus einer jeden Pflanze der genannten Familie darstellen, die, mit Salzsäure erhitzt, diese blaugrün färbt. Am leichtesten erhält man sie aus der Alizari oder levantischen Krappwurzel. Man übersättigt den kalt bereiteten Aufguss der unverkleinerten Wurzel mit Kalkhydrat, filrtirt, setzt basisch essigsaures Bleioxyd im Ueberschuss hinzu und filtrirt wieder. Das farblose Filtrat, welches man jetzt bekommt, enthält die Rubiaceensäure in Menge. Ein Theil davon wird durch Zusatz von Kalkwasser geschieden, indem Bleioxydhydrat mit rubiaceensaurem Bleioxyd niederfällt. Durch Schwefelwasserstoff trennt man letztere, (Künftig werde ich über diese Säure Ausführliches mittheilen.)

es aber mit Salpeter und erhitzt es nun, so *schwärzt es sich sehr schnell* unter Entwicklung eines Geruchs wie beim Sublimiren des Indigs. Da die Schwärzung bei Gegenwart anderer salpetersaurer Salze auch erfolgt, *so kann das salzsaure Kyanol als ein Mittel dienen, höchst geringe Mengen salpetersaurer Salze aufzufinden.* Auch sind die Salzgemische in gleicher Weise auf Salpetersäure zu prüfen, indem andere Salze die Wirkung weder hindern noch ändern. Hievon sind jedoch die reinen und kohlensauren Alkalien und die organischen Salze ausgenommen, welche sich in der Hitze verkohlen.

Bei 100° C. wirkt das salzsaure Kyanol nicht auf das salpetersaure. Bringt man aber irgend ein Kupfersalz hinzu, so entsteht sogleich ein *schwarzer Fleck*, wie diess bereits beim salpetersauren Kyanol angegeben ist. Hieraus erklärt sich nun, warum salzsaures Kyanol mit *salpetersaurem*, nicht aber mit Chlorkupfer, wenn sie auf der heissen Porcellanplatte befindlich sind, einen *schwarzen Fleck* hervorbringen. Vom salpetersauren Kyanol galt, wie bereits angeführt, das Umgekehrte. Zu bemerken ist hiebei noch, dass *freie* Salzsäure auf der heissen mit salpetersaurem Kupfer bestrichenen Platte einen *dunkelbraunen* Fleck erzeugt, der aber nach dem Erkalten wieder verschwindet.

Die Chromsäure wird durch salzsaures Kyanol reducirt. Auf einer heissen, mit doppeltchromsaurem Kali bestrichenen Porcellanplatte bringt ein Tropfen salzsaure Kyanolauflösung einen *dunkelschwarzen* Fleck hervor. Druckt man ferner auf Kattun, welcher mit chromsaurem Bleioxyd gelb gefärbt ist, dasselbe Salz, so entstehen innerhalb zwölf Stunden *grüne* Muster. Diese sind schwarz, wenn die Auflösung des salzsauren Kyanols concentrirt war. Beide bleiben durch Spülen in Wasser unverändert.

100 sublimirtes salzsaures Kyanol ergaben, durch salpetersaures Silberoxyd zerlegt, folgendes Bestandtheilverhältniss:

20,63	Salzsäure
79,37	Kyanol
100,00	salzsaures Kyanol.

Kleesaures Kyanol.

Die Darstellung dieses Salzes ist schon S. 19. angegeben.

Es krystallisirt aus der wässrigen Auflösung in breiten Blättchen, aus der alkoholischen in sternförmigen Gruppen kurzer Spiesschen.

Bei 100° C. ist das kleesaure Kyanol unveränderlich. Bei etwas höherer Temperatur dunstet es Kyanol aus. Durch Erhitzen in einer Glasröhre entlässt es Kyanol und Wasser, und sublimirt als saures Salz von etwas gelblicher Farbe.

Das Neutral- oder Sauerseyn dieses Salzes erforscht man mit Gyps und Zucker. Löst man in 40 Gypsauflösung 1 Zucker auf und bestreicht damit die durch Dampf geheizte Porcellanplatte, so bringt ein Tropfen wässriger Kleesäure einen *schwarzen Fleck* hervor. Auf dieselbe Weise wirkt nun das sublimirte Salz. Das auf nassem Wege mit Ueberschuss an Kyanol dargestellte dagegen verändert die Gypszuckerfläche nur in sofern, als eine schwache Bräunung eintritt.

In Aether, Alkohol und Wasser ist das kleesaure Kyanol minder leicht löslich als die bereits abgehandelten Kyanolsalze.

Um sich einen Begriff von der Empfindlichkeit der Kyanolsalze rücksichtlich ihrer Gelbfärbung des Fichtenholzes zu machen, wird folgender Versuch dienen. Es wurde

1 Gran krystallisirtes kleesaures Kyanol in
800 Gran Wasser aufgelöst, und in diese Auflösuug wurden
1000 Gran feine Fichtenholzspäne

gebracht. Sie färbten sich *dunkelgelb*. Da nun ein Quadratfuss solcher Späne nicht mehr als 100 Gran wog, so macht diess eine Gelbfärbung von 10 Quadratfuss Späne auf *beiden Seiten* mit 1 kleesaurem Kyanol. Es ist also, wenn man sich diese 20 Quadratfussfläche mechanisch eintheilt, einleuchtend, dass ich nicht zu viel behauptete, wenn ich oben sagte, man könne mittelst Fichtenholz noch ½ Milliontheil Kyanol auffinden.

Die grossen Schwierigkeiten, die bis dahin noch damit verbunden sind, das Kyanol in grösserer Menge darzustellen, sind Schuld daran, wenn im vorliegenden Aufsatze manche Untersuchung, z. B. die quantitative der Salze, und die genauere Bestimmung ihrer Krystallform und ihrer Auflöslichkeit unterblieb.

Verbindungen der Karbolsäure.

Die Scheidung der Karbolsäure aus dem Steinkohlenöhl ist bereits S. 24. angegeben. Behufs ihrer Darstellung im reinsten Zustande ist noch zu bemerken, dass man bei der Destillation des karbolsauren Bleioxyds die Vorlage wechseln muss, weil das Destillat anfangs Lackmus röthet, von zugleich mit übergehender Essigsäure.

Um von der zersetzenden Wirkung der Schwefelsäure nichts zu fürchten zu haben, ist es besser, dass man mit Salzsäure destillirt und dann die übergegangene Karbolsäure behufs der Entwässerung noch einmal abzieht. Hiebei gehen Wasser und etwas Karbolsäure in milchiger Trübung zuerst über, wobei der Retortenhals siedend heiss ist. Endlich erkaltet dieser, bei fortwährendem Feuern, immer mehr und mehr, und es erscheinen klare Oehltropfen, Diese sind wasserfreie Karbolsäure, und werden für sich aufgefangen.

Da ich mich des basisch essigsauren Bleies zur Fällung der Karbolsäure bediente, um jede mögliche Verunreinigung mit Kreosot (welches durch dieses Salz nicht gefällt wird) zu verhüten, ich aber später gefunden habe, dass diese Vorsicht unnütz war, indem dasjenige Steinkohlenöl, welches durch Destillation aus dem Theer der Gasanstalten gewonnen wird, nichts davon enthält — so kann man zur reinen Karbolsäure auf einem minder umständlichen Wege gelangen. Man lässt nämlich das Bleisalz ganz weg, und destillirt die, S. 24. erwähnte, »*ziemlich reine Karbolsäure*« noch einmal mit Wasser, und rectificirt sie dann mit einem Zusatz von 5 Proc. Kalihydrat, wobei man wiederum die zuerst übergehende wässerige Karbolsäure von der nachfolgenden wasserfreien trennt, und endlich, wie sich das überhaupt von selbst versteht, das Zuletztübergehende ebenfalls für sich auffängt.

Um sich der Reinheit einer so erhaltenen Karbolsäure zu vergewissern, muss sie folgendes Probeverhalten zeigen:

1) Muss die Karbolsäure völlig farblos seyn und sich auch nicht in langer Zeit beim Luftzutritt bräunen.

2) Darf sie Lackmus nicht röthen. Dies würde das Daseyn der Essigsäure etc. anzeigen.

3) Darf sie Curcuma nicht röthen. Dies würde das Daseyn von Ammoniak etc. anzeigen.

4) Darf sie sich in Berührung mit wässerigem Ammoniak und Luft nicht bräunen. Dies würde auf das Vorhandenseyn von Kreosot und ähnlicher Stoffe schliessen lassen.

5) Darf sie sich mit wässerigem, schwefelsaurem Eisenoxyd nicht röthen. Diess würde auf das Vorhandenseyn von Kreosot und ähnlicher Stoffe schliessen lassen. — Es muss vielmehr ein *reines Lila* erscheinen, wenn man wenig schwefelsauren Eisenoxyd mit viel wässeriger Karbolsäure mischt.

6) Darf eine Auflösung von schwefelsaurem Eisenoxydul keine Veränderung bewirken.

7) Darf essigsaures Bleioxyd, mit der Auflösung der Karbolsäure in Wasser gemischt, nicht gefällt werden. Das Gegentheil würde auf Verunreinigung mit Ammoniak und anderen Basen schliessen lassen.

Die Karbolsäure stellt für gewöhnlich eine farblose ölartige Flüssigkeit dar, die ein starkes Lichtbrechungsvermögen besitzt. Unter Umständen, deren Grund ich noch nicht habe erforschen können, erhält man diese Säure auch krystallisirt, und zwar oft in zweizölligen, durchsichtgen Nadeln, die selbst eine Wärme von 15° C. aushalten, ohne zu schmelzen. Jedoch verliert dieselbe Säure, aus ebenfalls mir unbekannten Gründen, selbst in verschlossenen Gefässen wieder die Fähigkeit zu krystallisiren.

Der *Geruch* ist nicht durchdringend und gleicht in der Verdünnung genau dem des Bibergeils. Eine Aehnlichkeit mit geräuchertem Fleische ist aber keinesweges zu bemerken.

Der *Geschmack* ist höchst brennend und ätzend.

Der Dunst, welcher sich beim Sieden der Karbolsäure entwickelt, ist nicht lästig für die Lungen. Auch wirkt er nicht stechend in den Augen, wie es der Holzrauch thut.

Bringt man ein Tröpfchen Karbolsäure auf die von ihrem natürlichen Firniss befreite Oberhaut, so entsteht ein Brennen, und die Stelle erscheint beim Benetzen mit Wasser weiss und erhaben. Bald jedoch wird sie roth und glänzend, und schuppt sich nach einigen Tagen ab. Wenn man die betupfte Stelle nicht mit Wasser benetzt, so tritt keine Weisse, sondern bloss Röthe ein.

Mit Karbolsäure getränkte Baumwolle auf den rasirten Schenkel eines Kaninchens gelegt, bewirkt ein Zusammenziehen und Vertiefen des Fells. Nach 12 Stunden zeigt sich dieses wie am Muskel angeklebt, hat eine schorfartige Härte und ist abgestorben. Später löst sich diese Borke ab, indem sich ein neues Fell gebildet hat.

Ein Blutegel stirbt unter Zuckungen, wenn man seinen Rücken mit etwas Karbolsäure bestreicht. Letzterer bekommt eine weisse Farbe.

In blutende Wunden gebracht, erregt die Karbolsäure stechende Schmerzen und augenblickliches Gerinnen des Bluts, *ohne* jedoch die Blutung zu stillen.

Betupft man ein Blumenblatt von Cheiranthus Cheiri, so schrumpft es innerhalb 2 Stunden zusammen und stirbt ab. — Ein Blatt derselben Pflanze erscheint an den Stellen versengt und der grünen Farbe beraubt, wo es mit Karbolsäure benetzt worden. Ehe jedoch diese Versengung eintritt, wird das vorher ganz straffe Blatt (schon nach 2 Stunden) schlaff, welk und herabhängend. Dies scheint mir um so merkwürdiger, da mir bei meinen zahlreichen Versuchen mit den Mimosen

(s. Pogg. Ann. Bd. XXV. S. 334 und 352) nie ein Fall vorgekommeu ist, wo bloss *örtlich* aufgebrachte Aetz- und Reizmittel eine so schnelle Wirkung auf benachbarte gesunde Parthien ausgeübt hätten. — Diess verdient weiter verfolgt zu werden.

Die Eigenschwere der Karbolsäure bei 20° C. ist = 1,062.

Schreibpapier durchdringt sie schnell und macht es so durchsichtig wie fette Oehle. Nach mehreren Stunden verschwinden diese Flecke und das Papier erscheint in seiner ursprünglichen Weisse und Farblosigkeit. Jetzt kann man durch Benetzen mit Salpetersäure noch die rothbraune Reaction der Karbolsäure hervorrufen. Nach 24 Stunden ist diess nicht mehr der Fall, sie ist dann gänzlich verdunstet.

Ein Tropfen verdunstet von einer Porcellanfläche in 80 Stunden bei 15° C.

Sie siedet bei 197°,5 C. und verändert dabei *nicht* ihre Farbe in's Röthliche.

An einem Glasstab der Flamme dargeboten, verbrennt die Karbolsäure mit stark russender gelber Flamme. Auch der Glasstab überzieht sich dabei mit Russ.

Beim Sieden der Karbolsäure mit *Schwefel* bildet sich *keine grüne*, sondern nur eine *blassgelbe* Auflösung, unter Entwicklnng eines schwachen Geruchs nach Schwefelwasserstoff. Beim Erkalten verwandelt sich die Auflösung in eine fast weisse krystallinische Masse.

Lässt man *Chlorgas* in Karbolsäure strömen, so erfolgt, unter schwacher Erwärmung und Entwickelung von Salzsäure, eine Röthung. Eine so veränderte Karbolsänre ätzt dennoch die Haut. Unterwirft man sie der Destillation, so bleibt ein brauner Rückstand, indess Salzsäure und eine veränderte farblose Karbolsäure übergehen. Letztere wird von Neuem durch Chlor geröthet. Eine nochmalige Destillation giebt wiederum dieselben Producte.

Uebergiesst man eine mit Chlor behandelte und durch Destillation wieder farblos gemachte Karbolsäure mit wässrigem Ammoniak oder schwefelsaurer Eisenoxydauflösung, so zeigt es sich, dass sie nicht mehr unveränderte Karbolsäure ist. Sie wird nämlich nun unter Lufteinwirkung braun und löst sich dann in Kalilauge mit blaugrüner Farbe auf.

Eine solche Säure verbreitet einen unerträglichen Gernch, der besonders an wollenen Zeugen haftet, und in dieser Verdünnung an Chlor erinnert.

Dieselbe Veränderung erleidet die Karbolsäure, wenn man wässerigen karbolsauren Kalk mit Chlorkalkauflösung längere Zeit in Berührung lässt.

Jod löst sich schnell mit rothbrauner Farbe, die sich beim Erhitzen nicht ändert.

Bei 12º C. entwickelt das *Kalium* langsam Wasserstoffgas, wenn es mit Karbolsäure übergossen wird. Bei einer nur sehr geringen Erwärmung wird diess so beschleunigt, dass die Säure siedend heiss wird, und heftige Verpuffung und Entflammung eintritt. Diess Verhalten kann sehr gefährlich werden. Ich brachte in eine kleine Flasche mit gläsernem Stöpsel, welche zur Hälfte mit Karbolsäure gefüllt war, bei 22° C. ein Stück Kalium. Die Wasserstoffgasentwicklung ging rasch vor sich, und beim Umschütteln entstand ein Blitz mit einem Knall, der Stöpsel wurde mit Heftigkeit gegen die Decke geworfen und karbolsaures Kali überall herumgepritzt.

Bringt man so lange Kalinm in die Karbolsäure als noch eine Einwirkung statt hat, so entsteht *keine fadenziehende*, sondern eine *beinahe feste krystallinische Masse.* Diese giebt beim Destilliren wieder Karbolsäure, die mit Kalium von Neuem verpufft und fest wird. — Der Rückstand in der Retorte hat eine schwarze Farbe.

Bei weniger Kalium bleibt die entstandene karbolsaure Kaliverbindung, so lange sie noch warm ist, flüssig. Hierauf krystallisirt beim Erkalten ein fast farbloses karbolsaures Kali in feinen Nadeln.

Auf Eisen, Kupfer und kupferhaltiges Silber gebracht, wird die blanke Oberfläche dieser Metalle innerhalb 12 Stunden nicht durch Rostbildung verändert. Auch entsteht auf denen der letzteren beiden keine Auflösung von Kupfer, wie solche unter ähnlichen Umständen die Oehlsäuren der fetten Oehle erzeugen.

Bringt man in 20 Karbolsäure 1 reine *Schwefelsäure* von 1,840 spec. Gew., so erfolgt unter gleichförmiger Mischung, weder Erwärmung noch Färbung. Selbst beim Sieden tritt nur eine *kaum bemerkbare* Rosenröthung ein. Auch dann, wenn man das Verhältniss der Schwefelsäure um das Vierfache vermehrt, tritt *beim Sieden* nur ein Rosenroth, keineswegs aber ein Purpur- oder Schwarzroth hervor.

Vermehrt man die Schwefelsäure um das Zehnfache, indem man auf 20 Karbolsäure 10 Schwefelsäure nimmt, so erfolgt auch eine gleichförmige Mischung unter *kaum bemerkbarer* Erwärmung. Die Farbe derselben ist höchst schwach-gelblich und geht *durch Sieden* in Gelbroth über, ohne bei längerer Einwirkung der Wärme dunkler zu werden. Diess erfolgt erst dann, wenn viel Karbolsäure verdunstet, wie es der Fall ist, wenn man die Mischung in einem offenen Porcellangefäss erhitzt.

Hiebei entwickelt sich schweflige Säure und alles wird schwarzbraun. Wenn man beim Erhitzen etwas vorsichtig verfährt, bildet sich, neben anderen Stoffen, auch Rosolsäure.

Lässt man ferner 1 Karbolsäure in 20 reine Schwefelsäure fallen, so vertheilt sich die Säure in der Säure beim Umschütteln auch gleichförmig, die Mischung *bleibt vollkommen klar*, und es erfolgt keine Schwärzung oder Röthung, sondern nur eine kaum sichtbare Gelbung. Durch Erhitzen bis zum Sieden wird alles schwarzbraun.

Alle diese Mischungen von Karbolsäure und Schwefelsäure lösen sich klar, *ohne* milchige Trübung, in Wasser auf.

Bringt man 1 Karbolsäure in 100 *Salpetersäure*, von 1,270 spec. Gew., so wird sie sogleich dunkelbraun und bildet beim Umschütteln mit der Salpetersäure eine rothe Auflösung unter Abscheidung eines schwarzen Harzes. Auf Hinzufügung von Natronlauge wird die Flüssigkeit anfangs hellgelb und hernach, bei einem Ueberschuss von Natron, rothbraun.

Mischt man gleiche Theile beider Säuren zusammen, so erfolgt unter Erhitzen und Aufbrausen sogleich eine dunkle Bräunung und Bildung eines rothbraunen Stoffes, der sich in Natronlauge mit dunkel gelbbrauner Farbe auflöst.

In Weingeist, Alkohol und Aether löst sich die Karbolsäure in allen Verhältnissen.

Auch im Wasser ist sie ziemlich leicht löslich, da

100 Wasser bei 20° C.
3,26 Karbolsäure

durch gelindes Schütteln aufnehmen. Kochsalz scheidet aus dieser Auflösung die Säure in Oeltropfen ab.

Die Reaction folgender Metallsalze wurde bei einer Hitze von 100° C. geprüft. Es diente mir hiezu die bereits beim Kyanol, S. 30. u. 35. erwähnte Vorrichtung, nämlich eine durch Dampf geheizte, mit der Auflösung der Reagens bestrichene Porcellanplatte.

Chlorgold: blauschwarzer Fleck mit gelben Rändern von metallischem Golde.

Chlorplatin: keine Veränderung.

Chlorkupfer: keine Veränderung.

Chlorzinn (einfach): keine Veränderung.

Salpetersaures Silberoxyd: rothbrauner Fleck, ohne Metallglanz.

Salpetersaures Kupferoxyd: schwarzbrauner Fleck.

Schwefelsaures Eisenoxyd: die Karbolsäure verdunstet ohne Einwirkung auf der trockenen Salzfläche. (Wässerige Karbolsäure bewirkt bei dieser Hitze eine Bräunung.)

Doppeltchromsaures Kali: ohne Einwirkung, auch bei Gegenwart von Wasser.

Taucht man Fichtenholz in Salzsäure von gewöhnlicher Stärke, so nimmt es, beim Trockenwerden an der Luft, nach einiger Zeit stellenweis eine bläuliche Farbe an. War das Holz *vorher* mit Karbolsäure getränkt und wieder trocken geworden, so ist diese Färbung *dunkelblau.* Ein mit wässeriger Karbolsäure getränktes Holz verhält sich eben so. Sie scheint sich mit einem Bestandtheil desselben innig zu verbinden; da ein solches Holz, nachdem es achtzehn Wochen einer Temperatur von 18° bis 20° C. ausgesetzt gewesen, noch eben so reagirte wie frisch getränktes.

Salpetersäure wirkt ganz so wie die Salzsäure, nur dass hier die Färbung noch intensiver ist, und dass auch zugleich rothbraune Färbungen eintreten, wenn ein Ueberschuss von Karbolsäure auf dem Holze vorhanden ist.

Diese blaue Färbung, welche durch Eintauchung des Holzes in Chlorkalk *nicht* verschwindet, kann jedoch nicht als ein Reagens für die Karbolsäure dienen, wenigstens nicht in dem Sinne wie die gelbe und rothe für Kyanol und Pyrrol; denn sie erreicht schon ihre Gränze bei einer Verdünnung von 1 Karbolsäure mit 300 Wasser. Auch macht der Umstand, dass Holz für sich mit Säuren blau wird, die Sache ungewiss.

Lackmus wird von der Karbolsäure nicht verändert.

Dessen ungeachtet ist sie als eine wirkliche Säure zu betrachten, die die Alkalien und Oxyde neutralisirt, und damit Salze bildet.

Die *karbolsauren Alkalien* sind farblose, auflösliche, meistens krystallisirbare Verbindungen. Ihre Auflösungen färben rothes Lackmuspapier blau und Curcuma roth. Trotz dieser sogenannten alkalischen Reaction sind sie dennoch *neutral*, wenn man zu ihrer Darstellung die Karbolsäure im Ueberschuss anwandte. Ich beweise diess folgendermassen.

Wenn man ein Stückchen Kattun, welches mit chromsaurem Bleioxyd *gelb* gefärbt worden, in siedendes Kalkwasser wirft, so wird es auf der Stelle *orange*, indem sich basisch chromsaures Bleioxyd bildet. Dasselbe geschieht in einer siedenden Kalilauge. Setzt man nun beiden Auflösungen Karbolsäure im Ueberschuss hinzu, so dass sie sich beim Sieden durch den Geruch bemerkbar macht, und wirft nun ein Stückchen Chromgelbkattun hinein, *so bleibt es unverändert gelb*, und es kommt auch nicht eine Spur von Orangefärbung zum Vorschein, obgleich Curcuma noch immer stark geröthet wird.

Da nun zur Umwandlung des Chromgelb in Chromorange die Einwirkung eines *freien Alkalis* erforderlich ist, *so ist klar*, *dass in beiden Verbindungen weder freies Kali noch freier Kalk enthalten ist, und dass beide durch die Karbolsäure neutralisirt sind.* Man sieht hieraus, welch einen untergeordneten Werth die bisher gebräuchlichen Reagenzien auf Acidität und Basicität haben [1]).

Auch in ihrem Verhalten zum basisch essigsauren Bleioxyd zeigt die Karbolsäure die Wirkung einer Säure. Sie entzieht nämlich, damit in wässriger Auflösung gemischt, der Essigsäure dieses Salzes einen Theil Bleioxyd und fällt damit als basisch karbolsaures Bleioxyd nieder.

Alle auflöslichen karbolsauren Salze ertheilen dem Fichtenholz mittelst Salzsäure eine intensiv *blaue Färbung*, eben so wie die Karbolsäure selbst. Man taucht das Holz in die Auflösung, lässt es trocknen und befeuchtet es nun mit Salzsäure. Die Farbe kommt nach 1 bis 2 Stunde in grösster Schönheit zum Vorschein. Ein Eintauchen in Chlorkalkauflösung ist auch hier ohne zerstörende Wirkung.

Die Salpetersäure bewirkt dieselbe Färbung, nur schneller und intensiver. Wenn hier die Salzauflösung, welche zum Befeuchten des Holzes dient, nicht concentrirt ist, so erscheint die Farbe rein blau, und meistens so schön wie Berlinerblau. War sie dagegen stärker, so dass sich ein Ueberschuss auf dem Holze befindet, so entsteht stellenweis ein Braunroth, eine Färbung wie sie die karbolsauren Salze mit Salpetersäure *ohne* Vermitt-

---

1) Ueber die Darstellung des Chromgelbkattuns und seine Umwandlung in Chromorange vergleiche meine: *Farbenchemie* I. Bd. Berlin bei Mittler, 1834. S. 227.

lung des Fichtenholzes erleiden. Dieses Braun erscheint jedoch hier auf dem Holze mit schönen dunkelblauen Rändern eingefasst.

Karbolsaures Ammoniak.

Mischt man Ammoniak in den verschiedensten Verhältnissen mit Karbolsäure, so behält es immer die basische Reaction auf Curcuma. Auch der Dunst dieser Mischung röthet diese Farbe. Dennoch muss, bei einer hinlänglichen Menge von Karbolsäure, das Ammoniak als neutralisirt betrachtet werden, indem es in dieser Verbindung *nicht mehr als freies Ammoniuk wirkt.* Diess zeigt sein Verhalten zu den Kupfersalzen. Bringt man nur so wenig salpetersaures Kupferoxyd in mit Karbolsäure übersättigtes wässriges Ammoniak, dass man überzeugt ist, die Menge des Ammoniaks reiche hin, um Kupferammoniak zu bilden, so geschieht das Letztere dennoch nicht, es entsteht vielmehr eine grüngefärbte trübe Auflösung, die nach einiger Zeit einen eben so gefärbten Niederschlag fallen lässt. Dieser löst sich in Salpetersäure mit rothbrauner Farbe, und Salzsäure scheidet daraus einen rothbraunen Stoff ab, der sich mit blaugrüner Farbe in Kalilauge auflöst. Die Karbolsäure wird hier also wahrscheinlich durch das Kupferoxyd oxydirt.

An der Luft verdunstet das karbolsaure Ammoniak ohne sich zu färben.

Karbolsaures Kali.

Die wasserfreie Karbolsäure löst trocknes kohlensaures Kali auf. Auch beim Erwärmen dieser Mischung entwickelt sich keine Kohlensäure.

Mit Kalihydrat bildet dieselbe beim gelinden Erwärmen eine gleichförmige flüssige Auflösung, die beim Erkalten zu einer krystallinischen teigartigen Masse erstarrt, wobei *keine* Theilung in zwei Schichten oder die Absonderung einer Mutterlauge stattfindet. Diess karbolsaure Kali wirkt nicht mehr ätzend auf die Haut, wie die freie Karbolsäure. Es löst sich in Wasser und Weingeist. Durch trockene Destillation erhält man einen grossen Theil der Karbolsäure unverändert wieder.

In der siedenden wässrigen Auflösung dieses Salzes bleibt Chromgelbkattun unverändert und färbt sich nicht orange.

Ein mit der wässrigen Auflösung getränktes Fichtenholz wird durch Salz- und Salpetersäure *dunkelblau*.

Karbolsaurer Kalk.

Wenn man in wasserfreie Karbolsäure tropfenweis dicke Kalkmilch bringt, so erfolgt *kein Zusammenballen*, sondern der Kalk zerfliesst ruhig in der Säure und bildet damit, unter Abscheidung des Wassers, einen klaren Syrup, der sich vollständig und leicht in noch mehr Wasser auflöst.

Wenn man ferner 100 Karbolsäure in dünne Kalkmilch einrührt, so löst sich, wenn letztere nicht im Ueberschuss ist, alles zu einer klaren Flüssigkeit auf. Giebt man mehr Kalkmilch hinzu, so übersättigt sich die Karbolsäure mit Kalk, und bildet eine klare Auflösung von basisch karbolsaurem Kalk, indem nämlich unter diesen Umständen bei 12° C. die

100 Karbolsäure
48,35 Kalk

aufnehmen. Um diess zu ermitteln, wurde die

obige Auflösung mit kohlensaurem Natron zerlegt und aus dem kohlensauren Kalk (nach Abzug desjenigen Kalks, der sich als Kalkwasser in der Auflösung befand) der Kalkgehalt berechnet.

Lässt man in eine solche Auflösung Kohlensäure strömen, so fällt kohlensaurer Kalk nieder, und die Karbolsäure wird frei und bleibt in wässriger Auflösung. Diese hält nun einen kleinen Antheil Kalk so hartnäckig zurück, dass er ihr nicht durch die Kohlensäure entzogen werden kann. Sie ist demnach als saurer karbolsaurer Kalk zu betrachten.

Die Leichtlöslichkeit des Kalks in der Karbolsäure ist die Ursache, dass das Steinkohlenöhl Kalkhydrat in ziemlicher Menge auflöst.

Lässt man basisch karbolsaure Kalkauflösung anhaltend kochen, so entwickelt sich Karbolsäure, und es scheiden sich kohlensaurer und überbasisch karbolsaurer Kalk ab, die sich fest an's Gefäss ansetzen. Die übrigbleibende Flüssigkeit ist nun neutraler karbolsaurer Kalk, der das Chromgelb nicht orange färbt und die Gefässwände mit schönem krystallinischen Anflug überzieht. Beim Eintrocknen an der Luft efflorescirt diese Verbindung sehr leicht, wobei sie sich anfangs in überbasisch karbolsauren und endlich in kohlensauren Kalk verwandelt, indess sich die Karbolsäure verflüchtigt.

Eine concentrirte wässrige Auflösung der mit Kalkhydrat übersättigten Karbolsäure wird durch Vermischen von 3 bis 4 Volume Weingeist von 90 Proc. zerlegt. Es schlägt sich basisches Salz in weissen krystallinischen Körnern nieder und ein saures bleibt in Auflösung. Lässt man hievon den Weingeist freiwillig verdunsten, so bleiben Oehltropfen von kalkhaltiger Karbolsäure zurück. Nach 3 bis 4 Wochen verschwindet letztere gänzlich und der Rückstand ist ein weisses Pulver von kohlensaurem Kalk. Die karbolsaure Kalkauflösung färbt das Fichtenholz unter Mitwirkung von Salz- und Salpetersäure dunkelblau.

Karbolsaures Bleioxyd.

Mit dem Bleioxyd bildet die Karbolsäure eben so wie mit dem Kalk drei Verbindungen, eine neutrale, eine saure und eine basische.

Wenn man in eine weingeistige Auflösung der Karbolsäure basisch essigsaures Bleioxyd tröpfelt, so entsteht ein weisser Niederschlag, der sich bei jedesmaligem Umschütteln wieder auflöst, sobald man nur nicht zu viel Bleisalz hinzufügt. Lässt man nun von dieser Mischung den Weingeist freiwillig an der Luft verdunsten, so bleibt eine klare, farblose, öhlige Flüssigkeit, nebst wässriger essigsaurer Bleiauflösung zurück. Beide sind leicht von einander zu trennen. Die klare öhlige Flüssigkeit ist als neutrales karbolsaures Bleioxyd zu betrachten, die sich wiederum in Weingeist klar auflöst. Dagegen aber durch Wasser in weisses basisches Salz und in wässrige Karbolsäure zerlegt wird, die nur sehr wenig Bleioxyd gelöst enthält.

Ein saures karbolsaures Bleioxyd erhält man durch Auflösen des basischen Salzes in wasserfreier Karbolsäure. Wendet man hiezu frisch gefälltes, noch nicht trocknes an, so tritt dieselbe Erscheinung ein, deren eben beim Kalk (S. 52) erwähnt worden. Die Karbolsäure bemächtigt sich des Bleisalzes, zerfliesst damit zu einem klaren Syrup und das Wasser wird ausgeschieden. Bei Anwendung des getrockneten findet eine gleichförmige Auflösung statt. Dieselbe zersetzt sich nicht an der Luft, sondern trocknet zu einem glänzenden

Firniss ein. Wasser zerlegt sie in ein basisches Salz. Weingeist löst sie auf, und es bleibt nur dann ein Rückstand von basischem Salz, wenn nicht genug Karbolsäure zum Auflösen angewendet wurde,

Das *basisch karbolsaure Bleioxyd* wird dadurch erhalten, dass man unter Umrühren basisch essigsaures Bleioxyd in wässrige Karbolsäure giesst, wobei man darauf zu sehen hat, dass letztere im Ueberschuss bleibt. Der dem Chlorsilber ähnliche weisse Niederschlag trocknet, nach dem Auswaschen, zu einem weissen Pulver ein. Bei 138° C. färbt es sich unter Zusammenbacken gelblich, und schmilzt endlich bei 200° C. zu einer grauschwarzen, dem Höllenstein ähnlichen, sehr glänzenden Masse zusammen. Hiebei entwickelt sich nur eine sehr geringe Menge Wasser. Erhitzt man noch stärker, so fängt das Salz an zu kochen, und entlässt anfangs farblose, das Lackmus nicht röthende Karbolsäure; bald darauf erscheint dieselbe im gelbgefärbten Zustande in Folge der Zersetzung eines kleinen Theils. Der Bleirückstand ist schwarz, und wird durch Glühen zu metallischem Blei und Bleioxyd.

Das bei 200° C. geschmolzene basisch karbolsaure Bleioxyd ergab folgendes Bestandtheilverhältniss:

65,08	Bleioxyd
34,92	Karbolsäure
100,00	basisch karbolsaures Bleioxyd.

Auch die karbolsauren Bleisalze, selbst das basische, färben das Fichtenholz, unter den bekannten Umständen, blau. Letzteres wird auf's Holz gestrichen und dann mit Salzsäure befeuchtet.

Folgende organische Stoffe scheinen mir in ihrem Verhalten zur Karbolsäure der Erwähnung werth.

Sublimirter Indig löst sich schon bei 100° C. in Karbolsäure. Eine etwas stärkere Hitze giebt eine stärkere hochblaue Auflösung. Diese färbt, auf Kattun gedruckt, denselben nicht intensiv genug, um practische Anwendung zu finden. Auch verbleicht die Farbe in einigen Tagen an der Luft und dem Taglicht. Alkohol in den verschiedensten Verhältnisseu mit der blauen Auflösung gemischt, giebt kein Purpurroth, sondern sie *bleibt blau*. Bei viel Alkohol fällt der Indig nieder. Die Mischung mit Aether ist anfangs schön blau, nach einigen Stunden entfärbt sie sich ebenfalls.

Kautschuck ist auch im Sieden unauflöslich und verändert sein Volum nicht.

Bernstein wird nur einem sehr geringen Theile nach gelöst.

Colophonium, kalt, vollständig.

Copal mit wenig Karbolsäure, zerfliesst bei 18° C. zu einem dicken fadenziehenden Firniss, der sich mit geringem Rückstand vollkommen in mehr Karbolsäure auflöst. Auf Holz gestrichen verfliegt die Karbolsäure, und es bleibt ein glänzender Ueberzug, der aber erst nach sechs Monaten die Härte des Copallacks erlangt. Auch in *Weingeist* wird der Copal durch Vermittlung der Karbolsäure löslich; obiger fadenziehender Firniss lässt sich durch Erwärmung mit warmem Weingeist vermischen, ohne dass beim Erkalten Trübung etc. erfolgte. Ein solcher Firniss trocknet schneller, ist aber doch nicht geeignet den wirklichen Copallack zu ersetzen, weil er lange weich bleibt.

Die folgenden Versuche, betreffend die Einwirkung der Karbolsäure auf Pflanzen und Thiere und deren Stoffe, wurden mit wässriger Karbolsäure in gesättigter Auflösung von 3,26 Karbolsäure auf 100 Wasser angestellt. Der Kürze wegen nenne ich diese *Karbolwasser*.

Abgeschnittene Pflanzen in Karbolwasser gesetzt verwelken schnell. Begiesst man Senecio vulgaris mit demselben, so knicken nach 8 bis 10 Stunden alle Zweige in der Nähe ihrer Insertionspunkte ein und hängen herunter. Das Welkwerden der Blätter folgt erst später. Bei andern krautartigen Pflanzen findet etwas Aehnliches statt.

Ein Tropfen Karbolsäure mit einem Pinsel in's Auge gebracht, erregt sehr heftigen Schmerz, der jedoch nur 2 bis 3 Stunden anhält und keine sichtbare Veränderung hinterlässt. Die reine Karbolsäure in's Auge zu bringen würde gefährlicher seyn.

Auf frisch geschnittene, so wie auf Blutegelwunden mit Charpie aufgelegt, erregt das Karbolwasser Schmerz und bewirkt eine Gerinnung des Bluts, aber der Blutung thut es nicht früher Einhalt, als es durch gewöhnliches kaltes Wasser auch geschicht.

Auf die unverletzte Haut des Menschen ist das Karbolwasser ohne besondere Wirkung. Dagegen wirkt es sehr heftig auf Blutegel und Fische.

Wirft man einen Blutegel in Karbolwasser, so färbt sich die Haut weiss und er krümmt sich etwas zusammen, legt sich auf den Rücken und stirbt in wenigen Minuten. Diess alles geschieht unter *so geringen* konvulsivischen Bewegungen, wie sie mir nie bei den verschiedenartigsten Versuchen mit diesen Thieren in Bezng auf die Einwirkung giftiger Stoffe vorgekommen sind. Hiedurch unterscheidet sich die Karbolsäure sehr vom Leukol, das den Blutegel zu den heftigsten Bewegungen aufregt. Das Blut, welches der Egel meistens bei seinem Eintritt in's Karbolwasser gehen lässt, ändert seine rothe Farbe nicht, gerinnt aber sogleich und bleibt dem Egel an der Maulöffnung hängen. Nimmt man den Blutegel nach einigen Tagen aus dem Wasser heraus, so trocknet er, ohne zu faulen. Von Neuem in's Wasser gelegt, behält der Egel fast das Volumen bei, welches er im trocknen Zustande hatte, und weicht nicht auf, sondern bleibt fest und hart.

Schwache Leimauflösungen werden vom Karbolwasser nicht gefällt. In stärkeren erfolgen sogleich Trübungen, wie wenn man Benzoeharzauflösung in's Wasser giesst. Sie verschwinden wieder beim Umrühren, wenn noch Leim überschüssig ist; im entgegengesetzten Fall scheiden sich weisse Flocken ab. Verdünnt man ein solches trübes Gemisch mit Wasser, so kommt endlich ein Punkt, wo sich alles klar wieder auflöst. Diess Verhalten unterscheidet die Karbolsäure vom eigentlichen Gerbstoff.

Legt man trocknen Leim in Karbolwasser, so quillt er nicht so auf wie in gewöhnlichem. Statt zu einer elastischen Gallerte zu werden, verwandelt er sich in eine weisse, zähe, klebrige Masse, die sich zu Brei zerrühren lässt. Dieser Brei löst sich weder warm noch kalt in wenig Wasser auf. Für sich erhitzt, schmilzt er unter Ausstossen von Karbolsäuredämpfen, und gesteht beim Erkalten nicht zu einer Gallerte, sondern ist fadenziehend und trocknet endlich zu einer durchsichtigen Masse aus. Diese Masse lässt sich mit Wasser wieder zu einer sehr klebrigen Substanz erweichen, besitzt den höchst scharfen Geschmack der Karbolsäure, und zeigt auch mit Salpetersäure durch die rothbraune Reaction die Gegenwart der letzteren genugsam an. Der Leim aus Hausenblase verhält sich eben so.

Eiweiss mit Karbolwasser in Berührung gebracht, gerinnt sogleich zu einer weissen fadenartigen Masse. Sie lösst sich, wie die Leimverbindung, in einem Ueberschuss an Eiweiss wieder auf. 1 Eiweiss mit 15 Wasser verdünnt, giebt einen weissen käsigen Niederschlag, der zu einer durchsichtigen hornartigen Masse austrocknet und sich wieder in Wasser zu einer opalfarbenen biegsamen Masse erweichen lässt. Mit Salpetersäure befeuchtet, tritt die rothbraune Reaction der Karbolsäure ein. Bei einer Verdünnung von 1 Eiweiss in 100 Wasser erfolgt noch eine bedeutende weisse Trübung, bei 150 Wasser aber nur noch ein schwaches Schillern der Flüssigkeit.

Milch wird durch Vermischen mit Karbolwasser nicht in Käse und Molken geschieden. Es sondern sich einige Flocken ab, aber die Flüssigkeit bleibt milchig. Diess Verhalten stimmt mit dem zum Limburger Käse (siehe oben S. 62) überein, der nicht fest und hart, sondern schmierig im Karbolwasser wird.

Trotz der leimfällenden Eigenschaft der Karbolsäure wird Thierhaut doch nicht ordentlich gegerbt, wie auch schon daraus zu folgern ist, dass der Leimniederschlag sich wieder in Wasser auflöst. Aber die Haut erleidet Veränderungen, deren nähere Beschreibung nicht ohne Interesse ist. Legt man eine durch Kalkmilch enthaarte und bereits im sauren Kleienwasser wieder entkalkte Hammelhaut in Karbolwasser, so wird die Haarseite vollkommen weiss. Nach dem Trocknen verschwindet diese Farbe wieder, indem die Haut hornartig und durchscheinend wird. Dabei zieht die Haut sich sehr zusammen, wiewohl nicht so stark wie eine andere, nicht in Karbolwasser gewesene. Durch Aufweichen in Wasser wird die Haut wieder eben so weich und schlüpfrig wie eine andere, *fault aber nicht.*

Ein nicht zubereitetes Hammelfell verhält sich anders, wenn man es längere Zeit in Karbolwasser legt. Es wird zwar auch nicht gegerbt, allein das Karbolwasser ertheilt ihm eine mehr lederartige Beschaffenheit, indem es sich sehr zusammenzieht, nach dem Trocknen undurchsichtig ist und einen weissen Schnitt zeigt. Beim Wiedereinlegen in Wasser behält es seine Festigkeit und wird nicht schlüpfrig.

Hieraus scheint mir zu folgen, dass durch das Kalken den Häuten ein Stoff (Eiweisstoff?) entzogen wird, was ihr verschiedenes Verhalten, verglichen mit dem der ungekalkten Häute bedingt.

Schweinblasen erleiden im Karbolwasser keine andere Veränderung, als dass sie sich weiss färben, und nach dem Trocknen etwas durchsichtiger und spröder sind, als zuvor. Dennoch ist die Karbolsäure damit in Verbindung getreten, indem ein Tropfen Salpetersäure auf einer solchen Blase, die mehrere Tage an der Sonne gelegen, einen dunkel rothbraunen Fleck hervorbringt, da auf einer gewöhnlichen Blase nur ein gelber erscheint, Rohes rothes Rindfleisch wird in Karbolwasser anfangs weisslich, darauf braun, ohne bei einem 14wöchentlichen Darinliegen zu faulen. Das Fleisch wird beim Trocknen sehr hart, kocht sich nicht weich und schmeckt scharf und brennend.

Die fäulnisswidrige Kraft hat das Karbolwasser bei allen bisher abgehandelten thierischen Stoffen bewährt. Noch deutlicher tritt sie aber bei solchen hervor, welche bereits übergegangen sind. Es wurde ein Stück Fleisch bei 20° C. mit Wasser übergossen und sich selbst überlassen bis es stank. Jetzt entfernte ich die röthlich gefärbte stinkende Flüssigkeit und übergoss das faule Fleisch mit Karbolwasser. *Auf der Stelle verschwand der faule Geruch*, und das vorher erweichte Fleisch zog sich zusammen und wurde hart. *Auch die vom Fleiseh abgegossene Flüssigkeit verlor ihren Gestank beim Mischen mit Karbolwasser*, unter Fällung eines rothen käsigen Niederschlags.

Zwei Weissfische wurden mit wenig Wasser übergossen, so lange einer Wärme von 20° C. ausgesetzt, his der bekannte, unerträgliche Geruch fauler Fische eingetreten war. Hierauf brachte ich den einen in Karbolwasser und den anderen in eine Auflösung von Chlornatron (aus 2 Chlorkalk, 3 Glaubersalz und 40 Wasser bereitet). Der erstere verlor auf der Stelle den Gestank, ohne dass ein anderer Nebengeruch zu bemerken war. Der im Chlor befindliche Fisch wurde ebenfalls gestanklos; allein es trat ein *starker Thrangeruch* hervor. Hieraus ist klar, dass die Karbolsäure da.. 'Chlor in dieser Beziehung an Wirksamkeit übertrifft. Kreosot ist in diesen Fällen ohne alle Wirkung.

Sehr stinkiger Menschenkoth verliert auch seinen Gestank im Karbolwasser, und frischer geht, damit übergossen, nicht in Fäulniss über.

Concentrirter Morgenharn wurde mit einem gleichen Volumen Karbolwasser gemischt, und nebst einer andern Portion desselben Harns einer Wärme von 20° C. ausgesetzt. Am sechsten Tage war der erstere noch völlig klar und durchsichtig, und roch wie frisch gelassener, indess der nicht mit Karbolwasser gemischte Harn schon am zweiten Tage trübe war, und den bekannten ammoniakalischen Geruch ausstiess.

Limburger Käse von penetrantem Geruch, acht Stunden in Karbolwasser gelegt, erweicht zu einer schmierigen Masse und verliert den früheren Geruch fast ganz. Auch nach dem Trocknen kommt dieser nicht wieder.

In allen diesen Fällen verbindet sich die Karbolsäure mit den Thierstoffen, namentlich mit dem in ihnen enthaltenen Leim und Eiweiss und den flüchtigen Basen. Aber auch mit Thierstoffen anderer Natur vereinigt sie sich. Legt man z. B. Wolle, welche mehrere Tage in Karbolwasser gelegen und darauf getrocknet worden, in Salpetersäure, so entsteht bald eine dunkle Rothbräunung um die Wolle herum, und die Wolle selbst färbt sich bei einem längeren Darinliegen gelber, als eine andere zum Gegenversuch gleichzeitig in der Säure befindliche Wolle, die früher eben so lange in gewöhnlichem Wasser gewesen war.

Wenn man Kork den Dämpfen von Karbolwasser aussetzt, wie es bei der Destillation aus Tubulatretorten mit Korkstöpsel der Fall ist, so wird derselbe sehr weich und schrumpft dann, bei längerer Einwirkung, unverhältnissmässig zusammen.

Auch mit einem Stoff im Fichtenholz verbindet sich die Karbolsäure. Die bereits erwähnte blaue Färbung des mit Karbolwasser befeuchteten Holzes durch Salz- und Salpetersäure deutet schon darauf hin, besonders aber der Umstand, dass ein mit Karbolwasser befeuchtet gewesenes Holz noch nach langer Zeit mit Säuren die eben erwähnte Reaction giebt. Da nun Thierstoffe durch die

Karbolsäure so ausgezeichnet conservirt werden, so ist die Vermuthung wohl nicht ganz ohne Grund, dass die Karbolsäure dem Verderben, Faulen und dem Trockenmoder des Holzes vielleicht zu begegnen vermag. Höchst wahrscheinlich wird aber der sogenannte Schwamm im Holze dadurch zu tilgen seyn. Jedoch müssen Versuche entscheiden.

Gedruckt bei C. Feister.

Berlin, 1838.
Verlag der Sander'schen Buchhandlung,
Koch-Strasse № 21.